Pythagoras und die vierte Dimension

Ein Überblick über die geometrische Verallgemeinerung der Satzgruppen von Pythagoras und de Gua de Malves

Martin Erik Horn

Martin Erik Horn
Lilienthalpark
12209 Berlin
mail@martinerikhorn.de

Pythagoras
und die vierte Dimension

Ein Überblick
über die geometrische Verallgemeinerung
der Satzgruppen
von Pythagoras und de Gua de Malves

Martin Erik Horn

FSC
www.fsc.org
MIX
Papier aus verantwortungsvollen Quellen
Paper from responsible sources
FSC® C105338

Bibliografische Information der Deutschen Nationalbibliothek:

Die Deutsche Nationalbibliothek verzeichnet diese Publikation
in der Deutschen Nationalbibliografie;
detaillierte bibliografische Daten sind im Internet über

http://dnb.dnb.de

im Internet abrufbar.

Herstellung und Verlag:
BoD – Books on Demand, Norderstedt

ISBN: 978-3-7562-0388-8

Inhaltsverzeichnis

„Pythagoras wasn't mad – it only looks that way."

Paul Strathern [20]

1 Vorbemerkungen: Das Rechnen mit Vektoren

Die Vektorrechnung, die Ihnen in der Schule beigebracht wurde, ist eine unhandliche, unpraktische, ja: unbrauchbare und unvollständige Vektorenmurkserei. Sie ist nichts anderes als ein Zerrbild, eine kastrierte, logisch absurd zerrissene Fassung der ursprünglichen Vektorrechnung, die von Hermann Grassmann (1809 – 1877) [1] in seiner Ausdehnungslehre 1844 [2] und überarbeitet 1862 [3] beschrieben wurde.

Deshalb werden wir in diesem Buch die von Grassmann eingeführte Art der Vektorrechnung nutzen.

In der mathematisch-physikalischen Literatur ist diese moderne, Grassmannsche Form der Vektorrechnung heute auch unter der Bezeichnung „Geometrische Algebra“ [4], [5], [6] oder auch „Clifford-Algebra“ [7] zu finden. Sie dürfen sie aber auch „Pauli-Algebra“ oder „Dirac Algebra“ [8] nennen, denn die beiden Herren Wolfgang Pauli (1900 – 1958) [9] und P. A. M. Dirac (1902 – 1984) [10] haben die Geometrische Algebra von Hermann Grassmann und William Kingdon Clifford (1845 – 1879) [11] quantenmechanisch verkorkst neu präsentiert.

Dieser historische Hintergrund ist ganz lustig. Lesen Sie dazu bitte einmal auch irgendwann die netten Beiträge [12], [13], [14], [15], [16] die mehr oder weniger frei zugänglich im Internet zu finden sind.

Und bevor es jetzt richtig losgeht, hier noch ein Hinweis des weitsichtigen Gian-Carlo Rota (1932 – 1999) in seinen recht indiskreten Überlegungen [17]: „The neglect of exterior algebra is the mathematical tragedy of this century. – – meanwhile, we have to bear with mathematicians who are exterior algebra-blind.“

Wir müssen uns mit Mathematikerinnen und Mathematikern rumschlagen, die blind sind. Sie sind blind für die äußere Algebra. Und sie sind blind den Ansätzen Grassmanns gegenüber. Vielleicht haben diese Mathematiker sogar seine Bücher gelesen. Verstanden haben sie Grassmann nicht. Es ist eine Tragödie!

Ändern wir es.

2 Die Geometrische Algebra Grassmanns

Grundbausteine der Geometrischen Algebra Grassmanns sind Vektoren. Es ist eine vektorielle Algebra. Diese Vektoren können addiert oder subtrahiert sowie multipliziert oder dividiert werden.

Wie üblich lassen sich diese Vektoren graphisch durch Pfeile darstellen. So kann die Summe oder die Differenz zweier Vektoren **a** und **b** zeichnerisch veranschaulicht werden. Dies wird in Abbildung 1 gezeigt. Und übrigens: Vektoren werden in diesem Buch immer durch Kleinbuchstaben in Fettdruck abgekürzt.

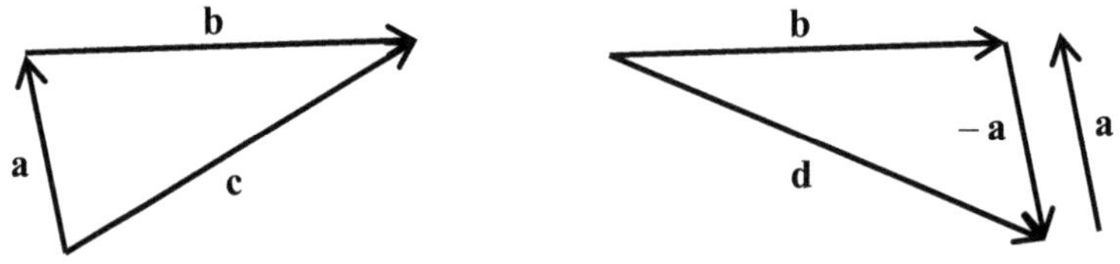

Abb. 1: Die Addition $\mathbf{a} + \mathbf{b} = \mathbf{c}$ sowie die Subtraktion $-\mathbf{a} + \mathbf{b} = \mathbf{b} - \mathbf{a} = \mathbf{d}$ zweier Vektoren ergeben wieder Vektoren.

Mit den Rechenregeln für diese Vektoren ist alles ganz einfach, wenn Sie sich schon einmal mit der Mathematik von Matrizen beschäftigt haben. Es ist nämlich immer möglich, die Vektoren Grassmanns mit Hilfe von quadratischen Matrizen auszudrücken – Nichts anderes haben ja die Herren Pauli und Dirac gemacht: Eine altbekannte, seit 1844 publizierte Art der Mathematik neu und anders mit Hilfe von Matrizen aufzuschreiben.

Deshalb können alle Rechenregeln und -gesetze, die Sie von den Matrizen kennen, auf die Vektoren Grassmanns übertragen werden. Und das setzen wir im Folgenden in diesem Buch gelegentlich auch voraus. Solche Dinge wie das Kommutativgesetz oder das Assoziativgesetz (einfacher: das überflüssige-Klammern-Gesetz) der Addition

$$\mathbf{a} + \mathbf{b} = \mathbf{b} + \mathbf{a} \qquad (\mathbf{a} + \mathbf{b}) + \mathbf{c} = \mathbf{a} + (\mathbf{b} + \mathbf{c}) = \mathbf{a} + \mathbf{b} + \mathbf{c} \qquad (1.1)$$

müssten wir dann eigentlich auch nicht extra hinschreiben. Dieses Buch soll ja eine Kurzfassung sein, und die Rechenregeln für Matrizen kennen Sie hoffentlich bereits.

Auch die Matrizenmultiplikation und deren Gesetze sind Ihnen schon bekannt. Wahrscheinlich haben Sie mit Hilfe des Falkschen Schemas auch schon sehr viele Matrizen multipliziert. Das Neue für Sie dürften also nicht die Rechenregeln sein. Solche Dinge wie die Nicht-Kommutativität der Matrizenmultiplikation (siehe das

Ungleichheitszeichen in Gleichung (1.2) links) oder die Assoziativität der Multiplikation

$$\mathbf{a\,b} \neq \mathbf{b\,a} \qquad (\mathbf{a\,b})\,\mathbf{c} = \mathbf{a}\,(\mathbf{b\,c}) = \mathbf{a\,b\,c} \tag{1.2}$$

oder die Distributivgesetze (einfacher: die Klammernauflösungsgesetze) zur Verknüpfung von Addition und Multiplikation

$$\mathbf{a}\,(\mathbf{b} + \mathbf{c}) = \mathbf{a\,b} + \mathbf{a\,c} \qquad (\mathbf{a} + \mathbf{b})\,(\mathbf{c} + \mathbf{d}) = \mathbf{a\,c} + \mathbf{a\,d} + \mathbf{b\,c} + \mathbf{b\,d} \tag{1.3}$$

kennen Sie schon.

Und daher wissen Sie auch, dass zwei hintereinander geschriebene Größen (ohne sichtbares Rechenzeichen zwischen ihnen), eine Multiplikation bedeutet. Den Multiplikationspunkt schreiben wir hier nicht hin, sondern denken ihn uns nur im Kopf – übrigens genau so wie in der Umgangssprache üblich. Wir sagen ja auch nicht: „Ich esse zwei mal Apfel", sondern wir sagen: „Ich esse zwei Äpfel." Die tatsächliche Multiplikation wird nur gedacht, aber nicht explizit hingeschrieben.

Viel interessanter als diese algebraischen Fragestellungen, die Hardcore-Mathematikern oft so wichtig sind, war für Grassmann jedoch die Deutung und Bedeutung, die diese Größen und Beziehungen geometrisch haben. Grassmann verknüpfte Geometrie und Algebra. Und das machte ihn zum mathematischen Revolutionär!

Was also ist die geometrische Bedeutung, die hinter der Multiplikation zweier Vektoren steckt?

Für Grassmann war die Antwort klar: Es entsteht ein neues, weiteres geometrisches Objekt anderer Art: Es entsteht kein neuer, eindimensionaler Vektor, der in eine einzige Richtung zeigt, sondern eine Figur, die sich ausgedehnt in zwei Richtungen erstreckt. Und Abbildung 2 zeigt, dass diese Figur ein Parallelogramm ist.

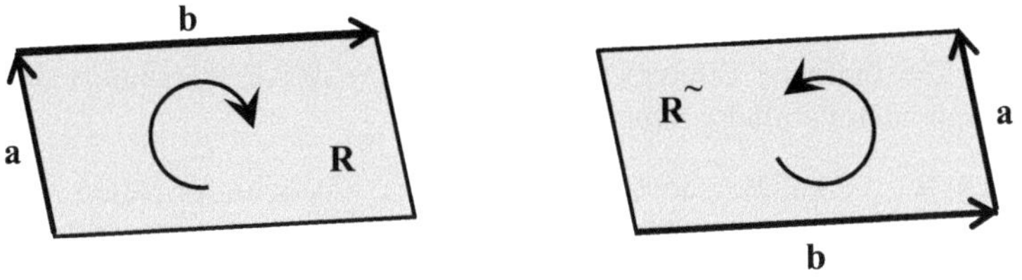

Abb. 2: Die Multiplikationen $\mathbf{R} = \mathbf{a\,b}$ und $\tilde{\mathbf{R}} = \mathbf{b\,a}$ zweier Vektoren ergeben Parallelogramme gleicher Größe, aber unterschiedlicher Orientierung.

Abbildung 2 zeigt jedoch auch, dass von diesem Parallelogramm zwei unterschiedliche Versionen existieren. Sie haben zwar die gleiche Form und gleiche Größe. Die beiden Parallelogrammflächen haben jedoch eine unterschiedliche Orientierung.

In diesem Produkt **R** = **a b** muss also die mathematische Information über die Form und die orientierte Fläche enthalten sein.

Die Form eines Parallelogramms wird im Wesentlichen durch den Winkel bestimmt, der von den beiden Vektoren **a** und **b** eingeschlossen wird. Und die orientierte Fläche **A** besteht im Wesentlichen aus dem Flächeninhalt und den beiden Richtungen der Ebene, in der diese Fläche liegt.

Wie können wir nun diese Informationen aus dem Produkt herausholen? Sie steckt ja im Produkt irgendwie innen drin. Und dann sollte es auch irgendwie möglich sein, an diese mathematische Informationen heranzukommen.

Der Trick, der hier angewandt werden kann, ist erstaunlich einfach. Wir wissen ja, dass beide Parallelogramme die gleiche Winkelinformation enthalten, aber genau entgegengesetzte Informationen **A** und – **A** aufgrund der entgegengesetzten Orientierung der ansonsten vollkommen gleichen Fläche.

Die Parallelogrammflächen sind ja gleich groß, also ist ihr Betrag $A = |\mathbf{A}|$ gleich groß. Und sie liegen in der gleichen Ebene – in Abbildung 1 ist dies die Papierebene der Buchseite, die Sie gerade in Händen halten. Nur die Orientierung ist anders, und diese Orientierung wird durch ein unterschiedliches Vorzeichen von **A** und – **A** ausgedrückt.

Und wenn diese beiden orientierten Flächenstücke **A** und – **A** addiert werden, dann heben sie sich gegenseitig auf. Sie verschwinden und das Resultat dieser orientierten Flächensumme ist Null:

$$\mathbf{A} + (-\mathbf{A}) = \mathbf{A} - \mathbf{A} = 0 \tag{1.4}$$

Also lautet die einfache Strategie zur Elimination der Flächeninformation: Wir addieren die beiden Parallelogramme:

$$\mathbf{R} + \mathbf{R}^{\sim} = \text{Parallelogramminformation ohne Flächeninformation } \mathbf{A} \tag{1.5}$$

Wenn sich die Flächeninformation gegenseitig weghebt, dann muss das, was dann übrig bleibt, nur noch die nicht-flächenartige, skalare Winkelinformation sein. Diese skalare Information steckt aber sowohl einmal im ursprünglichen Parallelogramm der Multiplikation **R** = **a b** und ein zweites Mal erneut im zweiten, in der Multiplikationsreihenfolge umgekehrten, reversierten Parallelogramm $\mathbf{R}^{\sim}$ = **b a** drin.

Die skalare Information ist also doppelt in der Parallelogrammsumme (1.5) enthalten. Es muss also noch durch zwei geteilt werden, um einen sinnvollen Ausdruck für diese Information zu erhalten.

Dieser Ausdruck ist so wichtig, so zentral, so bedeutend, dass ihm von Grassmann ein eigener Name gegeben wurde. Er nannte ihn „inneres Produkt". In der modernen Mathematik wird dieses innere Produkt üblicherweise durch einen großen, dicken, fetten Punkt bezeichnet.

Die Definition des inneren Produkts lautet somit:

$$\mathbf{a} \bullet \mathbf{b} = \frac{1}{2}(\mathbf{R} + \mathbf{R}^{\sim}) = \frac{1}{2}(\mathbf{a}\,\mathbf{b} + \mathbf{b}\,\mathbf{a}) \tag{1.6}$$

Noch eine weitere Bemerkung zur Namensgebung: Die Reihenfolgenumkehr bei der Multiplikation mehrerer Vektoren wird auch als „Reversion" bezeichnet und durch eine hochgestellte Tilde ~ gekennzeichnet. Werden also beispielsweise die fünf Vektoren **a**, **b**, **c**, **d** und **e** in umgekehrter Reihenfolge multipliziert (also reversiert), dann wird das in der Mathematik als

$$(\mathbf{a}\,\mathbf{b}\,\mathbf{c}\,\mathbf{d}\,\mathbf{e})^{\sim} = \mathbf{e}\,\mathbf{d}\,\mathbf{c}\,\mathbf{b}\,\mathbf{a} \tag{1.7}$$

geschrieben.

Eine ganz ähnliche Strategie kann auch angewendet werden, um die skalare Information zu eliminieren und die Flächeninformation zu erhalten. Dazu muss nur das negative Vorzeichen vor dem zweiten, reversierten Parallelogramm wegmathematisiert werden. Und das geschieht durch eine Subtraktion, denn minus mal minus ergibt plus.

$$\mathbf{A} - (-\mathbf{A}) = \mathbf{A} + \mathbf{A} = 2\,\mathbf{A} \tag{1.8}$$

Und es muss natürlich auch noch durch zwei geteilt werden.

Der so entstehende Ausdruck wurde von Grassmann „äußeres Produkt" getauft. In der modernen Mathematik wird das äußere Produkt üblicherweise durch ein Keilsymbol $\wedge$ gekennzeichnet.

Die Definition des äußeren Produkts lautet somit:

$$\mathbf{a} \wedge \mathbf{b} = \frac{1}{2}(\mathbf{R} - \mathbf{R}^{\sim}) = \frac{1}{2}(\mathbf{a}\,\mathbf{b} - \mathbf{b}\,\mathbf{a}) \tag{1.9}$$

Mit Hilfe dieser beiden Teilprodukte können jetzt der Winkel α, der von den Vektoren **a** und **b** eingeschlossen wird, die orientierte Fläche **A** sowie der Flächeninhalt $A = |\mathbf{A}|$ des Parallelogramms berechnet werden. Benötigt werdend dazu nur noch die Streckenlängen der Vektoren, also deren Beträge

$$a = |\mathbf{a}| = \sqrt{\mathbf{a}^2} \qquad b = |\mathbf{b}| = \sqrt{\mathbf{b}^2} \tag{1.10}$$

Dann ergibt sich der Winkel α zwischen **a** und **b** durch:

$$a\,b \cos\alpha = \mathbf{a} \bullet \mathbf{b} \quad \Rightarrow \quad \alpha = \arccos \frac{\mathbf{a} \bullet \mathbf{b}}{a\,b} \tag{1.11}$$

Das innere Produkt $\mathbf{a} \bullet \mathbf{b}$ ist ein Skalar, also eine ganz normale Zahl. In diesem Skalar ist die Information über die Form des Parallelogramms, also die Größe des Winkels α, enthalten.

Das äußere Produkt $\mathbf{a} \wedge \mathbf{b}$ enthält die Informationen zur Orientierung und zur Lage, also zur räumlichen Ausrichtung des Parallelogramms. Dies ist nun kein Skalar mehr, sondern eine Größe, die die zwei Richtungen der Ebene, in der das Parallelogramm liegt, beschreiben muss. Deshalb wird das äußere Produkt $\mathbf{a} \wedge \mathbf{b}$ auch als 2-Vektor oder eleganter als Bivektor bezeichnet.

Die orientierte Fläche **A** des Parallelogramms bzw. deren Flächeninhalt $A = |\mathbf{A}|$ lauten dann (Überraschung!):

$$\mathbf{A} = \mathbf{a} \wedge \mathbf{b} \qquad A = |\mathbf{A}| = |\mathbf{a} \wedge \mathbf{b}| \tag{1.12}$$

Es ist so einfach! Und doch ignoriert noch heute ein großer Teil der Mathematikerinnen und Mathematiker solche simplen Zusammenhänge wie die folgende Gleichung (1.13). Andere sind begeistert, wenn sie als Studenten zum ersten Mal diese Gleichungen zu Gesicht bekommen.

So schreibt Garret Sobczyk über seine eigene Studienzeit in [13]: „David (Hestenes) walked into his Electrodynamics class in the Fall of 1967 a young man of 33, but looking a good deal closer in age to his students. – – – I remember my sense of amazement when he wrote down the basic identity for the geometric multiplication of vectors,

$$\mathbf{a}\,\mathbf{b} = \mathbf{a} \bullet \mathbf{b} + \mathbf{a} \wedge \mathbf{b} \tag{1.13}$$

where $\mathbf{a} \bullet \mathbf{b} = \frac{1}{2}(\mathbf{a}\,\mathbf{b} + \mathbf{b}\,\mathbf{a})$ is the inner product and $\mathbf{a} \wedge \mathbf{b} = \frac{1}{2}(\mathbf{a}\,\mathbf{b} - \mathbf{b}\,\mathbf{a})$ is the outer product of the vectors **a** and **b**. Why hadn't I ever heard of this striking product, and why hadn't I ever heard of a bivector or directed plane segment, since it was the natural generalization of a vector?“

Ja, warum hören wir bis heute nichts über dieses bemerkenswerte, auffallende, herausragende, umwerfende (alles mögliche Übersetzungen des Wortes „striking“) Produkt zweier Vektoren **a b** in unseren Schulen und Hochschulen?

Übrigens hat die Begeisterung für diesen Ausdruck (1.13) einen tieferen, geradezu mathematisch-fundamentalen Grund: die tiefere Symmetrie unserer mathematischen Welt. Gleichung (1.13) beschreibt nämlich die Aufspaltung des Produkts **a b** in einen symmetrischen und einen anti-symmetrischen Anteil.

Das innere Produkt ist symmetrisch und bleibt bei einer Reihenfolgenumkehr der Faktoren unverändert,

$$\mathbf{a} \bullet \mathbf{b} = \frac{1}{2}(\mathbf{a}\,\mathbf{b} + \mathbf{b}\,\mathbf{a}) = \frac{1}{2}(\mathbf{b}\,\mathbf{a} + \mathbf{a}\,\mathbf{b}) = \mathbf{b} \bullet \mathbf{a} \qquad (1.14)$$

während das äußere Produkt anti-symmetrisch ist und bei einer Reihenfolgenumkehr das Vorzeichen ändert:

$$\mathbf{a} \wedge \mathbf{b} = \frac{1}{2}(\mathbf{a}\,\mathbf{b} - \mathbf{b}\,\mathbf{a}) = \frac{1}{2}(-\,\mathbf{b}\,\mathbf{a} + \mathbf{a}\,\mathbf{b}) = -\frac{1}{2}(\mathbf{b}\,\mathbf{a} - \mathbf{a}\,\mathbf{b}) = -\,\mathbf{b} \wedge \mathbf{a} \qquad (1.15)$$

Oder in Form eines Kinderreims: „Wer die Symmetrie nicht ehrt, ist der Mathematik nicht wert!“ Symmetriebetrachtungen stellen einen wesentlichen Anteil unserer mathematischen Erklärungsmuster dar. Und auch unsere physikalische Welt versuchen wird uns dadurch zu erklären, dass wir physikalische Phänomene in einzelne, symmetrisch zusammenhänge Unterstrukturen aufspalten.

Und mit Formel (1.13) hat Grassmann die grundlegende, fundamentale Aufspaltung unserer mathematischen Welt in symmetrisch und anti-symmetrisch geschaffen.

So, jetzt rechnen wir mit diesen Skalaren, Vektoren und Bivektoren. Dazu denken wir uns ein Beispiel aus. Beispielsweise soll der Vektor **a** genau 60 Einheitsschritte in x-Richtung und 11 Einheitsschritte in y-Richtung lang sein. Und der Vektor **b** soll nur 9 Einheitsschritte in x-Richtung und 40 Einheitsschritte in y-Richtung zeigen.

Dies ist in Abbildung 3 skizziert. Dazu kürzen wir den Begriff des Einheitsschrittes historisch bedingt durch den kleingeschriebenen griechischen Buchstaben Sigma σ ab. Mathematisch betrachtet sind diese Sigmas also unsere Basisvektoren, da diese Einheitsschritte senkrecht zueinander stehen:

Basisvektor in x-Richtung = σ_x
Basisvektor in y-Richtung = σ_y } im dreidimensionalen Raum
Basisvektor in z-Richtung = σ_z

Basisvektor in w-Richtung = σ_w (falls wir uns in einem vierdimensionalen Raum befinden)

Diese Einheitsschritte haben eine Einheitslänge von Eins

$$\sigma_w^2 = \sigma_x^2 = \sigma_y^2 = \sigma_z^2 = 1 \qquad (1.16)$$

und stehen orthogonal zueinander, so dass ihre inneren Produkte aufgrund von cos 90° = 0 alle wegfallen:

$$\sigma_w \bullet \sigma_x = \sigma_w \bullet \sigma_y = \sigma_w \bullet \sigma_z = \sigma_x \bullet \sigma_y = \sigma_y \bullet \sigma_z = \sigma_z \bullet \sigma_x = 0 \qquad (1.17)$$

Es handelt sich also um reine Bivektoren:

$$\begin{array}{lll} \sigma_w\sigma_x = \sigma_w \wedge \sigma_x & \sigma_w\sigma_y = \sigma_w \wedge \sigma_y & \sigma_w\sigma_z = \sigma_w \wedge \sigma_z \\ \sigma_x\sigma_y = \sigma_x \wedge \sigma_y & \sigma_y\sigma_z = \sigma_y \wedge \sigma_z & \sigma_z\sigma_x = \sigma_z \wedge \sigma_x \end{array} \qquad (1.18)$$

Und deshalb vertauschen diese Bivektoren alle anti-kommutativ:

$$\begin{array}{lll} \sigma_w\sigma_x = -\,\sigma_x\sigma_w & \sigma_w\sigma_y = -\,\sigma_y\sigma_w & \sigma_w\sigma_z = -\,\sigma_z\sigma_w \\ \sigma_x\sigma_y = -\,\sigma_y\sigma_x & \sigma_y\sigma_z = -\,\sigma_z\sigma_y & \sigma_z\sigma_x = -\,\sigma_x\sigma_z \end{array} \qquad (1.19)$$

Übrigens ist der olle Pauli daran Schuld, dass wir heute für Grassmanns Basisvektoren diese komischen Sigmas schreiben, denn Grassmann hatte ja 1844 nichts anderes erfunden als die Pauli-Algebra. Und diese Pauli-Algebra wurde durch die Formeln (1.16) und (1.19) sehr viel später dann so von Pauli hingeschrieben.

Und hat der Pauli wirklich nicht gemerkt, dass er nur von Grassmann abschreibt? Jedenfalls hat er Grassmanns Ausdehnungslehre sehr gut gekannt, wie er in seinem hoch gelobten Buch über Einsteins Relativitätstheorie [18], einem wahren und genialen Frühwerk, deutlich zeigt.

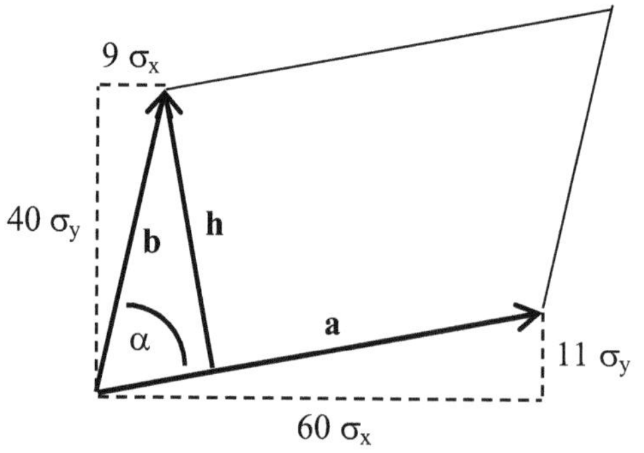

Abb. 3: Skizze zur Beispielaufgabe.

Die Aufgabe ist jetzt: Berechnen Sie den Winkel α und den Höhenvektor **h**.

Die Winkelberechnung ist einfach. Da die Vektoren

$$\mathbf{a} = 60\ \sigma_x + 11\ \sigma_y \qquad \text{und} \qquad \mathbf{b} = 9\ \sigma_x + 40\ \sigma_y$$

gegeben sind, muss lediglich das innere Produkt (1.6) berechnet

$$\begin{aligned}\mathbf{a\ b} &= (60\ \sigma_x + 11\ \sigma_y)\ (9\ \sigma_x + 40\ \sigma_y) \\ &= 540\ \sigma_x^2 + 2400\ \sigma_x\sigma_y + 99\ \sigma_y\sigma_x + 440\ \sigma_y^2 \\ &= 980 + 2301\ \sigma_x\sigma_y\end{aligned}$$

$$\Rightarrow \quad \mathbf{a} \bullet \mathbf{b} = 980 \qquad \text{und} \qquad \mathbf{a} \wedge \mathbf{b} = 2301\ \sigma_x\sigma_y$$

sowie die Länge der Vektoren (1.10)

$$a = |\mathbf{a}| = \sqrt{\mathbf{a}^2} = \sqrt{(60\ \sigma_x + 11\ \sigma_y)^2} = \sqrt{3721} = 61$$

$$b = |\mathbf{b}| = \sqrt{\mathbf{b}^2} = \sqrt{(9\ \sigma_x + 40\ \sigma_y)^2} = \sqrt{1681} = 41$$

ermittelt werden. Dann kann in Gleichung (1.11) eingesetzt werden:

$$\alpha = \arccos \frac{980}{61 \cdot 41} = \arccos 0{,}3918 = 66{,}93°$$

$\Rightarrow$ Der Winkel α beträgt somit 66,93°.

Interessant wird es jetzt bei der Berechnung des Höhenvektors. Die orientierte Fläche des Parallelogramms ist durch das äußere Produkt gegeben und wurde oben schon zu 2301 $\sigma_x\sigma_y$ berechnet. Diese orientierte Parallelogrammfläche muss der Fläche des orientierten Rechtecks entsprechen, das durch den Seitenvektor **a** und den Höhenvektor **h** aufgespannt wird:

$$\mathbf{a} \wedge \mathbf{b} = 2301\ \sigma_x\sigma_y = \mathbf{a} \wedge \mathbf{h} = \mathbf{a\ h}$$

Da diese beiden Vektoren senkrecht aufeinander stehen, ist das innere Produkt Null und das äußere Produkt somit identisch mit dem vollständigen Produkt **a h**.

Damit wir ein Ergebnis für **h** erhalten, muss durch den Vektor **a** geteilt werden. Die Division durch Vektoren haben wir noch nicht besprochen. Das müssen wir auch nicht, denn die Division durch einen Vektor führen wir ganz frech durch, indem wir erst einmal mit diesem Vektor multiplizieren.

Wenn wir also **a h** durch **a** teilen wollen, multiplizieren wir erst einmal mit **a**. Dabei soll der Vektor verschwinden, und das tut er ja auch beim Quadrieren: Er wird dann zu einem Skalar.

Das klappt aber nur, wenn wir den Seitenvektor **a** von links an den Bivektor **a h** multiplizieren. (Eine Multiplikation von rechts ergibt **a h a** und hilft uns nicht weiter, da dann kein Quadrat $\mathbf{a}^2 = a^2$ gebildet werden kann.) Wir rechnen also:

$$\mathbf{a}\,(\mathbf{a} \wedge \mathbf{b}) = (60\,\sigma_x + 11\,\sigma_y)\,2301\,\sigma_x\sigma_y = \mathbf{a}^2\,\mathbf{h} = (60\,\sigma_x + 11\,\sigma_y)^2\,\mathbf{h}$$

$$\Rightarrow \qquad -25311\,\sigma_x + 138060\,\sigma_y = 3721\,\mathbf{h}$$

$$\Rightarrow \qquad -\frac{25311}{3721}\,\sigma_x + \frac{138060}{3721}\,\sigma_y = \mathbf{h}$$

Und sicherheitshalber zur Probe: $\mathbf{a} \bullet \mathbf{h} = 0$

$\Rightarrow$ Der Höhenvektor **h** lautet somit: $\mathbf{h} = -\,6{,}8022\,\sigma_x + 37{,}1029\,\sigma_y$

Dieser Trick funktioniert immer, solange wir beim Quadrieren nicht Null erhalten. Und das wird in diesem Buch immer der Fall sein. Erst wenn wir uns mit der Relativitätstheorie beschäftigen, tauchen seltsame, lichtartige Vektoren auf, die nicht Null sind, aber ein Quadrat von Null besitzen.

Wir ersetzen die Division durch einen Vektor somit durch eine Multiplikation, gefolgt von einer Division durch einen Skalar. Auch dafür haben Mathematiker einen eigenen Namen erfunden: Multiplikation mit dem inversen Vektor.

Der zum Vektor **a** inverse Vektor $\mathbf{a}^{-1}$ lautet somit:

$$\mathbf{a}^{-1} = \frac{\mathbf{a}}{\mathbf{a}^2} = \frac{1}{\mathbf{a}^2}\,\mathbf{a} \qquad (1.20)$$

Und damit haben wir alle mathematischen Werkzeuge zusammen, die wir benötigen, um die Satzgruppe des Pythagoras vektoriell zu formulieren.

3 Die Satzgruppe des Pythagoras

Die Satzgruppe des Pythagoras, so wie wir sie aus der Schule kennen, besteht aus dem Satz des Pythagoras, dem Höhensatz sowie den Kathetensätzen von Euklid

$$a^2 + b^2 = c^2 \qquad p\,q = h^2 \qquad p\,c = a^2 \qquad q\,c = b^2 \qquad (2.1)$$

und als aktuelle Zugabe dem Flächensatz

$$a\,b = h\,c \qquad (2.2)$$

Pythagoras von Samos (ca. 570 v.Chr. – 500 v. Chr.) [19], [20] kannte nur Zahlen. Er war ein Genie, er hätte mehr wissen können. Die konzeptuelle Fassung des Begriffs eines Vektors, also der mathematischen Zusammensetzung einer Zahl und einer Richtung, lag sicher nicht außerhalb seiner kognitiv absolut erstaunlichen Fähigkeiten.

Und so beginnt Strathern seine Pythagoras-Biographie [20] auch mit dem Satz: „Pythagoras wasn't mad – it only looks that way." Denn er hatte eine fixe Idee, eine grundlegende Lebenseinstellung, eine Ideologie, die da lautet: „Alles ist Zahl!"

Deshalb erscheint die Satzgruppe des Pythagoras, aus heutiger Sicht und mit den Augen Grassmanns betrachtet, auch unvollkommen, altmodisch und wenig elegant.

Es ist eben nicht nur alles Zahl, sondern manches auch Richtung. Und manches, so wie Flächen, hat auch eine Doppelrichtung. Die Vernachlässigung des Richtungsbegriffs führt dazu, dass die Verallgemeinerungen der Sätze dieser Satzgruppe für Dreiecke beliebiger Winkel schwerfällig und wenig elegant erscheinen.

Und unvollkommen ist sowieso alles, was höherdimensionale Situationen außer Acht lässt. Erst mit Jean Paul de Gua de Malves (1713 – 1785) können wir erahnen, dass sich weitere pythagoräisch-phantastische Welten in den Weiten höherdimensionaler Hyper-Räume verbergen, die es zu entdecken gilt.

Und so hat manches auch eine Dreifach-, Vierfach- oder sogar Noch-Mehrfach-Richtung – so wie beispielsweise ein Hyper-Tetraeder oder Pentachoron im vierdimensionalen Raum.

Wir beginnen jedoch erst einmal zweidimensional. Da es das Ziel ist, die Satzgruppe des Pythagoras für Dreiecke beliebiger Winkel zu formulieren, schauen wir uns auch solche allgemeinen Dreieck an.

Ein Seitenvektor **c** (in einen rechtwinkligen Dreieck würden wir ihn „Hypotenuse" nennen) setzt sich aus anderen Seitenvektoren **a** und **b** (die wir in einem rechtwinkligen Dreieck dann als „Katheten" bezeichnen würden) zusammen:

$$\mathbf{a} + \mathbf{b} = \mathbf{c} \tag{2.3}$$

Dies gilt immer und überall, für jedes Dreieck. Diese Gleichung (2.3) stellt die Urform, die eigentliche Essenz und das unendlich feste Fundament des Satzes des Pythagoras dar.

Das gilt natürlich nur, wenn wir auch Vektoren **a**, **b** und **c** (fett gedruckt) schreiben. Für die Seitenlängen alleine ist a + b = c selbstverständlich grottenfalsch.

Gleichung (2.3) ist in Abbildung 4 graphisch dargestellt. Dort ist auch schon der Höhenvektor **h**, der senkrecht zum Seitenvektor **c** steht, eingezeichnet.

Und noch ein Hinweis: Zur Unterscheidung von Punkten und vektoriellen Größen werden Punkte wie beispielsweise A, B, C und H in der Schriftform „Arial" angegeben, während Vektoren **a**, **b**, **c** und **h** oder deren Längen a, b, c und h hier in diesem Buch in der Schriftform „Times New Roman" gedruckt werden.

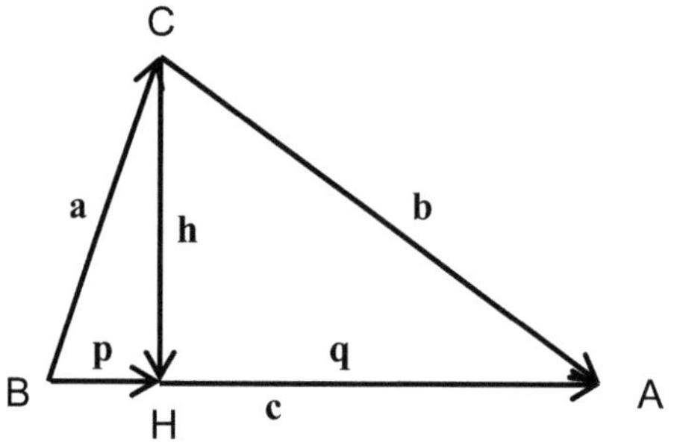

Abb. 4: Ein aus den drei Vektoren **a** + **b** = **c** zusammengesetztes Dreieck mit den Eckpunkten A, B und C.

Und jetzt geht alles ganz schnell. Den vektoriell verallgemeinerten Satz des Pythagoras für beliebige Dreiecke erhalten wir, indem wir Gleichung (2.3) einfach nur quadrieren.

Bei dieser Quadratbildung müssen wir aufgrund der Anti-Kommutativität von Vektoren $\mathbf{a}\ \mathbf{b} \neq \mathbf{b}\ \mathbf{a}$ (linke Ungleichung 1.2) aber die Reihenfolge der vektoriellen Faktoren im Auge behalten. Mit Hilfe von (1.3)

$$(\mathbf{a} + \mathbf{b})^2 = (\mathbf{a} + \mathbf{b})\,(\mathbf{a} + \mathbf{b}) = \mathbf{a}^2 + \mathbf{a}\,\mathbf{b} + \mathbf{b}\,\mathbf{a} + \mathbf{b}^2 = \mathbf{c}^2 \qquad (2.4)$$

und nach Ersetzung der beiden mittleren Terme durch das innere Produkt (1.6) ergibt sich der verallgemeinerte, vektorielle Satz des Pythagoras zu:

$$\mathbf{c}^2 = \mathbf{a}^2 + \mathbf{b}^2 + 2\,\mathbf{a} \bullet \mathbf{b} \qquad (2.5)$$

That's it!

Ähnlich zielstrebig erfolgt auch die Herleitung der verallgemeinerten vektoriellen Kathetensätze. Hier werden nur die vektorielle Zusammensetzung der beiden Seitenabschnittsvektoren **p** und **q** benötigt:

$$\mathbf{a} + \mathbf{h} = \mathbf{p} \qquad \mathbf{b} - \mathbf{h} = \mathbf{q} \qquad (2.6)$$

Dann lässt sich in einer einzigen Zeile hinschreiben:

$$\mathbf{p}\,\mathbf{c} = \mathbf{p} \bullet \mathbf{c} = (\mathbf{a} + \mathbf{h}) \bullet \mathbf{c} = \mathbf{a} \bullet \mathbf{c} + \mathbf{h} \bullet \mathbf{c} = \mathbf{a} \bullet \mathbf{c} = \mathbf{a} \bullet (\mathbf{a} + \mathbf{b}) = \mathbf{a}^2 + \mathbf{a} \bullet \mathbf{b} \qquad (2.7)$$

Die einzelnen Schritte werden durch die räumliche Lage der Vektoren zueinander bestimmt. **p** und **c** sind parallel. Also ist $\mathbf{p} \wedge \mathbf{c} = 0$ und im ersten Schritt ist dann einfach $\mathbf{p}\,\mathbf{c} = \mathbf{p} \bullet \mathbf{c} + \mathbf{p} \wedge \mathbf{c} = \mathbf{p} \bullet \mathbf{c}$.

Selbstverständlich ist auch jeder Vektor parallel zu sich selbst: **a** ist parallel zu **a**, so dass $\mathbf{a} \wedge \mathbf{a} = 0$ gilt und somit im letzten Schritt $\mathbf{a}^2 = \mathbf{a}\,\mathbf{a} = \mathbf{a} \bullet \mathbf{a} + \mathbf{a} \wedge \mathbf{a} = \mathbf{a} \bullet \mathbf{a}$.

Und **h** und **c** stehen senkrecht zueinander. Also ist im vierten Schritt $\mathbf{h} \bullet \mathbf{c} = 0$.

Vollkommen analog ergibt sich der zweite verallgemeinerte vektorielle Kathetensatz in einer einzigen Zeile:

$$\mathbf{q}\,\mathbf{c} = \mathbf{q} \bullet \mathbf{c} = (\mathbf{b} - \mathbf{h}) \bullet \mathbf{c} = \mathbf{b} \bullet \mathbf{c} - \mathbf{h} \bullet \mathbf{c} = \mathbf{b} \bullet \mathbf{c} = \mathbf{b} \bullet (\mathbf{a} + \mathbf{b}) = \mathbf{b}^2 + \mathbf{b} \bullet \mathbf{a} \qquad (2.8)$$

Mit Hilfe der Symmetrie $\mathbf{a} \bullet \mathbf{b} = \mathbf{b} \bullet \mathbf{a}$ des inneren Produkts (1.14) ergibt sich also zusammengefasst für die verallgemeinerten vektoriellen Kathetensätze:

$$\mathbf{p}\,\mathbf{c} = \mathbf{a}^2 + \mathbf{a} \bullet \mathbf{b} \qquad \text{und} \qquad \mathbf{q}\,\mathbf{c} = \mathbf{b}^2 + \mathbf{a} \bullet \mathbf{b} \qquad (2.9)$$

Für den Höhensatz wird die Seite **c** als Vektorsumme

$$\mathbf{p} + \mathbf{q} = \mathbf{c} \quad \Rightarrow \quad \mathbf{p} = \mathbf{c} - \mathbf{q} \quad \text{oder} \quad \mathbf{q} = \mathbf{c} - \mathbf{p} \qquad (2.10)$$

ausgedruckt, so dass sich in einer Zeile

$$\mathbf{p}\,\mathbf{q} = \mathbf{p}\,(\mathbf{c} - \mathbf{p}) = \mathbf{p}\,\mathbf{c} - \mathbf{p}^2 = \mathbf{a}^2 + \mathbf{a} \bullet \mathbf{b} - \mathbf{a}^2 + \mathbf{h}^2 = \mathbf{h}^2 + \mathbf{a} \bullet \mathbf{b} \qquad (2.11)$$

oder alternativ

$$\mathbf{p\,q = q\,p = q\,(c - q) = q\,c - q^2 = b^2 + a \bullet b - b^2 + h^2 = h^2 + a \bullet b} \qquad (2.12)$$

In beiden Varianten wird der Satz des Pythagoras für die beiden Teildreiecke BCH oder ACH

$$\mathbf{a^2 = p^2 + h^2} \qquad \text{bzw.} \qquad \mathbf{b^2 = q^2 + h^2} \qquad (2.13)$$

im vorletzten Umformungsschritt eingesetzt. Diese Teildreiecke sind immer rechtwinklig.

Für den verallgemeinerten vektoriellen Flächensatz wird wieder die Flächengleichheit zwischen dem durch die Seitenvektoren **a** und **b** aufgespannten Parallelogramm und dem durch **h** und **c** aufgespanntem Rechteck genutzt, so wie dies in der letzten Beispielaufgabe am Ende des vorigen Kapitels auch gemacht wurde:

$$\mathbf{a \wedge b = c\,h} \quad \Rightarrow \quad \mathbf{a \wedge b + a \bullet b = c\,h + a \bullet b}$$
$$\Rightarrow \quad \mathbf{a\,b = c\,h + a \bullet b} \qquad (2.14)$$

Punkt. Aus. Schluss. Fertig. That's it!

Hier noch die Zusammenfassung, wenn für rechtwinklige Dreiecke aufgrund der Orthogonalität der beiden Katheten **a** und **b** dann $\mathbf{a \bullet b} = 0$ gilt.

Rechtwinklige Dreiecke		**Dreiecke beliebiger Winkel**	
$\mathbf{c^2 = a^2 + b^2}$		$\mathbf{c^2 = a^2 + b^2 + 2\,a \bullet b}$	
$\mathbf{p\,c = a^2}$	$\mathbf{q\,c = b^2}$	$\mathbf{p\,c = a^2 + a \bullet b}$	$\mathbf{q\,c = b^2 + a \bullet b}$
$\mathbf{p\,q = h^2}$	$\mathbf{a\,b = c\,h}$	$\mathbf{p\,q = h^2 + a \bullet b}$	$\mathbf{a\,b = c\,h + a \bullet b}$

Tab. 1: Übersicht über die vektorielle Satzgruppe des Pythagoras und deren Verallgemeinerung

Zum Schluss dieses Kapitels hier wieder eine Beispielaufgabe: Überprüfen Sie durch Nachrechnen den verallgemeinerten vektoriellen Satz des Pythagoras und bestimmen Sie die Vektoren **p**, **q** und **h** mit Hilfe der Division durch Vektoren für das in Abbildung 5 gezeigte nicht-rechtwinklige Dreieck.

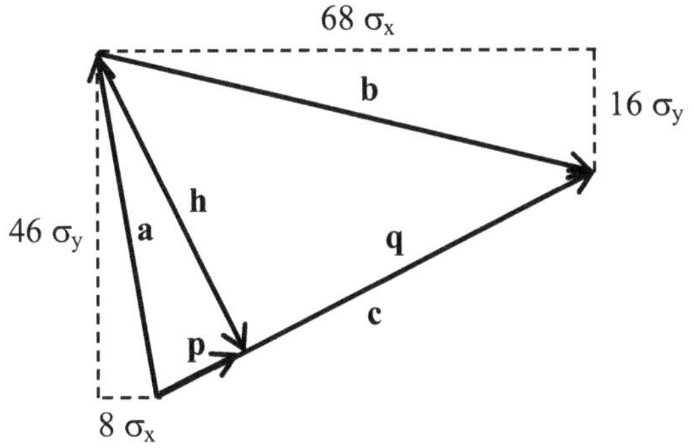

Abb. 5: Skizze zur zweiten Beispielaufgabe.

Zuerst werden die gegebenen Größen zusammengestellt. Aus Abbildung 5 sind die folgenden Seitenvektoren ablesbar:

Der Seitenvektor **a** zeigt 8 Einheitsschritte nach links in die negative x-Richtung und 46 Einheitsschritte nach oben in y-Richtung: $\mathbf{a} = -\, 8\, \sigma_x + 46\, \sigma_y$

Der Seitenvektor **b** zeigt 68 Einheitsschritte nach rechts in x-Richtung und 16 Einheitsschritte nach unten in die negative y-Richtung: $\mathbf{b} = 68\, \sigma_x - 16\, \sigma_y$

Der Seitenvektor **c** zeigt (68 – 8) = 60 Einheitsschritte nach rechts in x-Richtung und (46 – 16) = 30 Einheitsschritte nach oben in y-Richtung: $\mathbf{c} = 60\, \sigma_x + 30\, \sigma_y$

Quadrate der Seitenvektoren:

$$\mathbf{a}^2 = (-\, 8\, \sigma_x + 46\, \sigma_y)^2 = 2180$$

$$\mathbf{b}^2 = (68\, \sigma_x - 16\, \sigma_y)^2 = 4880$$

$$\mathbf{c}^2 = (60\, \sigma_x + 30\, \sigma_y)^2 = 4500$$

Inneres Produkt der beiden Seitenvektoren **a** und **b**:

$$\mathbf{a} \bullet \mathbf{b} = (-\, 8\, \sigma_x + 46\, \sigma_y) \bullet (68\, \sigma_x - 16\, \sigma_y) = -\, 544 - 736 = -\, 1280$$

Überprüfung des verallgemeinerten vektoriellen Satzes des Pythagoras:

$$\mathbf{a}^2 + \mathbf{b}^2 + 2\, \mathbf{a} \bullet \mathbf{b} = 2180 + 4880 + 2 \cdot (-\, 1280) = 4500 = \mathbf{c}^2 \quad \Rightarrow \quad \text{o.k.}$$

Berechnung der Inversen $\mathbf{c}^{-1}$:

$$\mathbf{c}^{-1} = \frac{\mathbf{c}}{\mathbf{c}^2} = \frac{1}{4500}\,(60\, \sigma_x + 30\, \sigma_y) = \frac{1}{150}\,(2\, \sigma_x + 1\, \sigma_y)$$

Division des ersten verallgemeinerten vektoriellen Kathetensatzes durch den Seitenvektor **c** von rechts:

$$\mathbf{p} = (\mathbf{a}^2 + \mathbf{a} \bullet \mathbf{b})\, \mathbf{c}^{-1} = (2180 - 1280)\,\frac{1}{150}\,(2\,\sigma_x + 1\,\sigma_y) = 12\,\sigma_x + 6\,\sigma_y$$

Division des zweiten verallgemeinerten vektoriellen Kathetensatzes durch den Seitenvektor **c** von rechts:

$$\mathbf{q} = (\mathbf{b}^2 + \mathbf{a} \bullet \mathbf{b})\, \mathbf{c}^{-1} = (4880 - 1280)\,\frac{1}{150}\,(2\,\sigma_x + 1\,\sigma_y) = 48\,\sigma_x + 24\,\sigma_y$$

Division des verallgemeinerten vektoriellen Höhensatzes durch den Seitenvektor **c** von links nach Berechnung des äußeren Produkts:

$$\mathbf{a} \wedge \mathbf{b} = (-\,8\,\sigma_x + 46\,\sigma_y) \wedge (68\,\sigma_x - 16\,\sigma_y) = 128\,\sigma_x\sigma_y - 3128\,\sigma_x\sigma_y = -\,3000\,\sigma_x\sigma_y$$

$$\mathbf{h} = \mathbf{c}^{-1}\,(\mathbf{a} \wedge \mathbf{b}) = \frac{1}{150}\,(2\,\sigma_x + 1\,\sigma_y)\,(-\,3000\,\sigma_x\sigma_y) = 20\,\sigma_x - 40\,\sigma_y$$

Als Probe: Überprüfung des verallgemeinerten vektoriellen Höhensatzes:

$$\mathbf{p}\,\mathbf{q} = (12\,\sigma_x + 6\,\sigma_y)\,(48\,\sigma_x + 24\,\sigma_y) = 576 + 144 = 720$$

$$\mathbf{h}^2 + \mathbf{a} \bullet \mathbf{b} = 400 + 1600 - 1280 = 720 \qquad \Rightarrow \qquad \text{o.k.}$$

Übrigens: Diese Aufgabenbearbeitung zeigt, dass die verallgemeinerte Satzgruppe des Pythagoras auch dann erfolgreich angewendet werden kann, wenn die Seite **c** nicht die längste Seite ist. In diesem Beispiel ist aufgrund von $\mathbf{b}^2 > \mathbf{c}^2$ der Seitenvektor **b** ja länger als der Seitenvektor **c**.

4 Das Rechnen mit Bivektoren

Wenn zwei senkrecht zueinander stehende Vektoren **r** und $\mathbf{r}_\perp$ miteinander multipliziert werden, ist das innere Produkt Null und wir erhalten eine Größe, die eine orientierte Fläche

$$\mathbf{A} = \mathbf{r}\,\mathbf{r}_\perp = \mathbf{r} \wedge \mathbf{r}_\perp \tag{4.1}$$

repräsentiert. Diese Fläche ist ein orientiertes Rechteck, also ein Spezialfall des orientierten Parallelogramms ohne Skalarteil (siehe Abbildung 6).

Übrigens werden solche Bivektoren, die als äußeres Produkt geschrieben werden können, gelegentlich auch als Blades (englisch: Blatt, Flügel) bezeichnet. Und auf diese Blades werden wir uns konzentrieren, denn in der Satzgruppe von de Gua de Malves (siehe nächstes Kapitel) kommen prinzipiell keine Non-Blades vor.

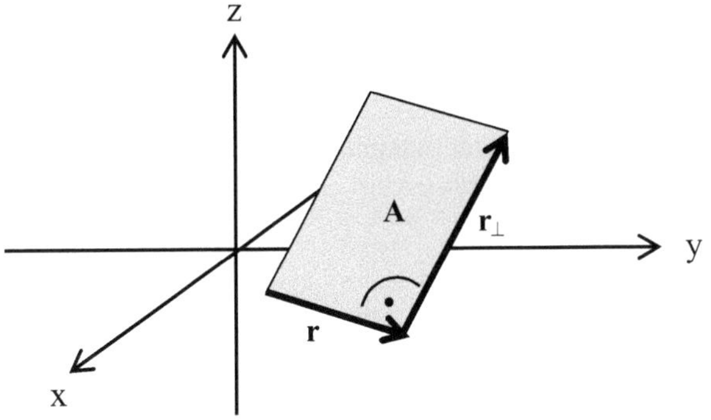

Abb. 6: Orientiertes Rechteck oder Bivektor im dreidimensionalen Raum.

Als Beispiel berechnen wir den Bivektor, der durch die beiden Vektoren $\mathbf{r} = 4\,\sigma_x + 8\,\sigma_y$ und $\mathbf{r}_\perp = -\,6\,\sigma_x + 3\,\sigma_y + 9\,\sigma_z$ aufgespannt wird:

$$\mathbf{A} = (4\,\sigma_x + 8\,\sigma_y)\,(-\,6\,\sigma_x + 3\,\sigma_y + 9\,\sigma_z) = 60\,\sigma_x\sigma_y + 72\,\sigma_y\sigma_z - 36\,\sigma_z\sigma_x$$

Allgemein lässt sich sagen, dass ein Bivektor eine Linearkombination der folgenden Basis-Bivektoren oder orthogonalen orientierten Einheits-Bivektoren darstellt:

$$\left.\begin{array}{l} \text{Basis-Bivektor der xy-Ebene} = \sigma_x\sigma_y \\ \text{Basis-Bivektor der yz-Ebene} = \sigma_y\sigma_z \\ \text{Basis-Bivektor der zx-Ebene} = \sigma_z\sigma_x \end{array}\right\} \text{ im dreidimensionalen Raum}$$

Basis-Bivektor der wx-Ebene = $\sigma_w\sigma_x$	zusätzliche Basis-Bivektoren im vierdimensionalen Raum
Basis-Bivektor der wy-Ebene = $\sigma_w\sigma_y$	
Basis-Bivektor der wz-Ebene = $\sigma_w\sigma_z$	

Diese Basis-Bivektoren sind somit orientierte Einheits-Flächenstücke, die senkrecht aufeinander stehen.

Und jetzt kommt sie, die in Zusammenhang mit (1.12) erwähnte Überraschung: Die Basis-Bivektoren quadrieren zu minus Eins. Ihre Quadrate sind negativ.

$$(\sigma_x\sigma_y)^2 = \sigma_x\sigma_y\sigma_x\sigma_y = -\,\sigma_x\sigma_x\sigma_y\sigma_y = -\,\sigma_x{}^2\sigma_y{}^2 = -1$$

ebenso: $$(\sigma_y\sigma_z)^2 = (\sigma_z\sigma_x)^2 = (\sigma_w\sigma_x)^2 = (\sigma_w\sigma_y)^2\ (\sigma_w\sigma_z)^2 = -1 \qquad (4.2)$$

Solche Größen werden von Mathematikerinnen und Mathematikern als imaginär bezeichnet. Basis-Bivektoren und damit auch beliebige Bivektoren im dreidimensionalen Raum als Linearkombination von Basis-Bivektoren

$$\mathbf{A} = A_{xy}\ \sigma_x\sigma_y + A_{yz}\ \sigma_y\sigma_z + A_{zx}\ \sigma_z\sigma_x \qquad (4.3)$$

sind imaginär. Die Mathematik imaginärer Größen ist somit automatisch in der Geometrischen Algebra von Grassmann enthalten, denn das Quadrat des Bivektors (4.3) lautet:

$$\mathbf{A}^2 = -\,(A_{xy}{}^2 + A_{yz}{}^2 + A_{zx}{}^2) = -\,A^2 \qquad (4.4)$$

Deshalb kann der betragsmäßige Flächeninhalt von Gleichung (1.12) auf drei überraschend verschiedene Arten berechnet werden:

$$A = |\,\mathbf{A}\,| = |\,\mathbf{a} \wedge \mathbf{b}\,| = \sqrt{-\mathbf{A}^2} = \sqrt{\mathbf{A}\,\mathbf{A}^{\sim}} = \sqrt[4]{\mathbf{A}^4} \qquad (4.5)$$

Entweder es wird (erste Strategie) ein Minuszeichen vor das $\mathbf{A}^2$ geschummelt, damit der Term unter der Wurzel positiv wird, oder aber wir verhindern die Entstehung des Minuszeichens von Anbeginn an, indem wir mit dem reversierten, in der Reihenfolge der Basisvektoren umgekehrten Bivektor

$$\mathbf{A}^{\sim} = A_{xy}\ \sigma_y\sigma_x + A_{yz}\ \sigma_z\sigma_y + A_{zx}\ \sigma_x\sigma_z \qquad (4.6)$$

unter der Wurzel anmultiplizieren (zweite Strategie). Oder aber wir bilden in der dritten Strategie die vierte Potenz von **A** und ziehen dann wieder die vierte Wurzel.

Noch einen Satz zur zweiten Strategie: Die Reversion eines Bivektors entspricht der komplexen Konjugation beim Rechnen mit komplexen Zahlen. Aber das ist eine heikle Angelegenheit, denn damit vertuschen und verstecken die Mathematiker die eigentlich zugrundeliegende Symmetrie [21], [22]. Und das ist ein ziemlicher Selbstbetrug einer akademisch weltfremden, geometriefeindlichen Mathematik.

Aber jetzt multiplizieren wir zwei Bivektoren eines dreidimensionalen Raums miteinander, also beispielsweise den Bivektor **A** von (4.3) mit einem beliebigen zweiten Bivektor **B**.

$$\mathbf{B} = B_{xy}\,\sigma_x\sigma_y + B_{yz}\,\sigma_y\sigma_z + B_{zx}\,\sigma_z\sigma_x \tag{4.7}$$

Das Resultat ergibt:

$$\begin{aligned}\mathbf{A}\,\mathbf{B} = -\,(A_{xy}\,B_{xy} + A_{yz}\,B_{yz} + A_{zx}\,B_{zx}) + (A_{zx}\,B_{yz} - A_{yz}\,B_{zx})\,\sigma_x\sigma_y \\ +\,(A_{xy}\,B_{zx} - A_{zx}\,B_{xy})\,\sigma_y\sigma_z + (A_{yz}\,B_{xy} - A_{xy}\,B_{yz})\,\sigma_z\sigma_x\end{aligned} \tag{4.8}$$

Das Produkt zweier Bivektoren eines dreidimensionalen Raums besteht somit wieder aus zwei Teilen: einem ersten, skalaren Teil und einem zweiten, erneut bivektoriellen Teil. Das sind die Teile, die wir aus dem täglichen Leben kennen.

Wir leben in einer dreidimensionalen Welt. Und dort treffen wir natürlich recht oft auf dimensionslose, ganz normale Zahlen (Skalare) und zweidimensionale, orientierte Flächenstücke (Bivektoren).

Diese Welt ist die Welt von de Gua des Malves, in der er sein Theorem über die Seitenflächen eines Tetraeders als Verallgemeinerung des Satzes von Pythagoras formulierte. Das werden wir später auch tun, und dazu reicht die Gleichung (4.8) dieser dreidimensionalen Welt.

Doch das vollständige, komplette Bild des Rechnens mit Bivektoren ist größer und umfassender als es Gleichung (4.8) zeigt. Dieses vollständige Bild erkennen wir erst, wenn wir zwei Bivektoren **C** und **D**

$$\begin{aligned}\mathbf{C} = C_{wx}\,\sigma_w\sigma_x + C_{wy}\,\sigma_w\sigma_y + C_{wz}\,\sigma_w\sigma_z + C_{xy}\,\sigma_x\sigma_y + C_{yz}\,\sigma_y\sigma_z + C_{zx}\,\sigma_z\sigma_x \\ \mathbf{D} = D_{wx}\,\sigma_w\sigma_x + D_{wy}\,\sigma_w\sigma_y + D_{wz}\,\sigma_w\sigma_z + D_{xy}\,\sigma_x\sigma_y + D_{yz}\,\sigma_y\sigma_z + D_{zx}\,\sigma_z\sigma_x\end{aligned} \tag{4.9}$$

eines vierdimensionalen Raums miteinander multiplizieren. Sechs Terme von **C** und sechs Terme von **D**, das ergibt ein recht langes Produkt, das aus $6 \cdot 6 = 36$ Termen besteht.

Diesen langen Ausdruck schreiben wir jetzt nicht vollständig auf, er wäre doch recht unübersichtlich. Aber wir erkennen, dass ein Teil dieses Ausdrucks, bei dem gleiche Basis-Bivektoren miteinander multipliziert und somit quadriert werden, wieder einen Skalar ergibt.

Dieser skalare Teil wird wieder inneres Produkt genannt und mit einem großen, dicken, fetten Punkt abgekürzt, also **A • B** oder **C • D**.

Bei einem weiteren Teil des langen Produkts **C D** werden wieder jeweils zwei Basis-Bivektoren miteinander multipliziert, die in einem Basisvektor identisch und im zweiten Basisvektor unterschiedlich sind, also z.B. $\sigma_w\sigma_z\sigma_z\sigma_x = \sigma_w\sigma_x$. Hier entstehen dann im Endergebnis Terme, die bivektoriell sind.

Dieser bivektorielle Teil wird in der mathematischen Literatur üblicherweise mit einem Kreuz x abgekürzt, also **A x B** oder **C x D**. Dieses Produkt wird manchmal als „Kommutator-Produkt" bezeichnet. Mit gefällt dieser Name nicht so richtig. Es sitzt schließlich zwischen dem inneren und dem äußeren Produkt. Doch was genau ist denn zwischen „innen" und „außen"? Irgendwie ist es ein eingequetschtes „Zwischenprodukt".

Das äußere Produkt entsteht, wenn vier senkrecht zueinander stehende Basisvektoren $\sigma_w\sigma_x\sigma_y\sigma_z$ miteinander multipliziert werden. In einem dreidimensionalen Raum existieren aber nur drei Basisvektoren. Deshalb besitzt das Produkt **A B** von Gleichung (4.8) keinen 4-vektoriellen, quadvektoriellen Anteil. Dieser Anteil taucht nur in Produkten von Vektoren eines mindestens vierdimensionalen Raums, also beispielsweise der Vektoren von Gleichung (4.9), auf:

$$\begin{aligned} \mathbf{A\,B} &= \mathbf{A} \bullet \mathbf{B} + \mathbf{A} \times \mathbf{B} \\ \mathbf{C\,D} &= \mathbf{C} \bullet \mathbf{D} + \mathbf{C} \times \mathbf{D} + \mathbf{C} \wedge \mathbf{D} \end{aligned} \tag{4.10}$$

Wie üblich wird das äußere Produkt auch hier wieder mit Hilfe eines Keils ∧ dargestellt. Geometrisch stellt es ein orientiertes vierdimensionales Hyper-Volumenelement dar. Es ist also eine Größe, die Physiker mit der Einheit m^4 messen würden, wenn sie es denn könnten. Aber eine solche Messung ist ihnen wahrscheinlich noch nicht gelungen.

Wir konzentrieren uns nun aber hauptsächlich auf Bivektoren **A** und **B** des dreidimensionalen Raums. Dort gelten dann die folgenden Definitionsgleichungen für das innere Produkt, das Zwischenprodukt und das äußere Produkt:

$$\mathbf{A} \bullet \mathbf{B} = \frac{1}{2}(\mathbf{A\,B} + \mathbf{B\,A}) \tag{4.11}$$

$$\mathbf{A} \times \mathbf{B} = \frac{1}{2}(\mathbf{A\,B} - \mathbf{B\,A}) \tag{4.12}$$

$$\mathbf{A} \wedge \mathbf{B} = 0 \tag{4.13}$$

Das innere Produkt ist also wieder symmetrisch und das Zwischenprodukt ist antisymmetrisch:

$$\mathbf{A} \bullet \mathbf{B} = \mathbf{B} \bullet \mathbf{A} \qquad \text{und} \qquad \mathbf{A} \times \mathbf{B} = -\,\mathbf{B} \times \mathbf{A} \qquad (4.14)$$

Und wir können auch wieder durch einen Bivektor **A** teilen, genau nach der gleichen, uns schon bekannten Strategie, indem wir mit dem inversen Bivektor $\mathbf{A}^{-1}$

$$\mathbf{A}^{-1} = \frac{\mathbf{A}^3}{\mathbf{A}^4} = \frac{\mathbf{A}}{\mathbf{A}^2} = \frac{1}{-\mathrm{A}^2}\,\mathbf{A} \qquad (4.15)$$

von der passenden Seite her multiplizieren.

Kurzer Einschub: Das mit dem Teilen klappt nur dann perfekt mit Hilfe von Gleichung (4.15), wenn wir wirklich nur mit Blades arbeiten. Beim Teilen durch ein Non-Blade, das nicht als äußeres Produkt zweier Vektoren geschrieben werden kann, muss Gleichung (4.15) modifiziert werden. Beispielsweise lautet der zum Non-Blade $\mathbf{N} = (2\,\sigma_x\sigma_y + 3\,\sigma_w\sigma_z)$ inverse Bivektor

$$\mathbf{N}^{-1} = 0{,}4\,\sigma_x\sigma_y - 0{,}6\,\sigma_w\sigma_z \qquad \text{weil} \qquad \mathbf{N}^{-1}\,\mathbf{N} = \mathbf{N}\;\;\mathbf{N}^{-1} = 1 \qquad (4.16)$$

und dieser Ausdruck wurde nicht mit (4.15) ermittelt.

Welche Spezialfälle sind nun wichtig?

1. Spezialfall: Das innere Produkt zweier Bivektoren **A** und **B** im dreidimensionalen Raum ist Null. Dann folgt, dass beide Bivektoren anti-kommutativ vertauschen. Und das ist nur möglich, wenn die beiden Bivektoren als orientierte Flächenstücke senkrecht aufeinander stehen.

2. Spezialfall: Das Zwischenprodukt zweier Bivektoren **A** und **B** im dreidimensionalen Raum ist Null. Dann folgt, dass beide Bivektoren kommutativ vertauschen. Und das ist nur möglich, wenn die beiden Bivektoren als orientierte Flächenstücke parallel sind.

Natürlich gilt auch die umgedrehte Argumentationsreihenfolge: Wenn die beiden Bivektoren **A** und **B** im dreidimensionalen Raum senkrecht aufeinander stehen, dann ist das innere Produkt $\mathbf{A} \bullet \mathbf{B}$ Null (1. Spezialfall).

Und wenn die beiden Bivektoren **A** und **B** im dreidimensionalen Raum parallel sind, dann ist das Zwischenprodukt $\mathbf{A} \times \mathbf{B}$ Null (2. Spezialfall).

Die folgenden Aussagen sind somit äquivalent:

$$\mathbf{A} \bullet \mathbf{B} = 0 \quad \Leftrightarrow \quad \mathbf{A\,B} = -\,\mathbf{B\,A} \quad \Leftrightarrow \quad \mathbf{A} \perp \mathbf{B} \tag{4.17}$$

$$\mathbf{A} \times \mathbf{B} = 0 \quad \Leftrightarrow \quad \mathbf{A\,B} = \mathbf{B\,A} \quad \Leftrightarrow \quad \mathbf{A} \parallel \mathbf{B} \tag{4.18}$$

Und als abschließende Beispielrechnung überprüfen wir nun, wie die drei Bivektoren

$\mathbf{B} = 3\,\sigma_x\sigma_y + 5\,\sigma_z\sigma_x \qquad \mathbf{C} = 2\,\sigma_y\sigma_z \qquad \mathbf{D} = 85\,\sigma_x\sigma_y + 102\,\sigma_y\sigma_z - 51\,\sigma_z\sigma_x$

zum Bivektor des Eingangsbeispiels (direkt nach Abbildung 6)

$\mathbf{A} = 60\,\sigma_x\sigma_y + 72\,\sigma_y\sigma_z - 36\,\sigma_z\sigma_x$

stehen.

(1) $\mathbf{A} \bullet \mathbf{B} = -\,180 + 180 = 0 \qquad \mathbf{A} \times \mathbf{B} = -\,360\,\sigma_x\sigma_y + 408\,\sigma_y\sigma_z + 216\,\sigma_z\sigma_x$

$\Rightarrow\ \mathbf{A} \perp \mathbf{B}$ Die Bivektoren **A** und **B** stehen senkrecht zueinander.

Und da im dreidimensionalen Raum immer drei Ebenen senkrecht zueinander stehen, gibt es ein drittes orientiertes Flächenstück **A x B**, das sowohl zu **A** wie auch zu **B** senkrecht steht.

Probe: $\mathbf{A} \bullet (\mathbf{A} \times \mathbf{B}) = 21600 - 29376 + 7776 = 0 \qquad \Rightarrow\ \mathbf{A} \perp (\mathbf{A} \times \mathbf{B})$

$\mathbf{B} \bullet (\mathbf{A} \times \mathbf{B}) = 1080 - 1080 = 0 \qquad \Rightarrow\ \mathbf{B} \perp (\mathbf{A} \times \mathbf{B})$

(2) $\mathbf{A} \bullet \mathbf{C} = -\,144 \neq 0 \qquad \mathbf{A} \times \mathbf{C} = -\,72\,\sigma_x\sigma_y - 120\,\sigma_z\sigma_x \neq 0$

$\Rightarrow$ Die Bivektoren **A** und **C** sind weder orthogonal noch parallel.
Sie stehen schräg zueinander.

Beide Bivektoren stehen jedoch senkrecht zum dritten orientieren Flächenstück **A x C**.

Probe: $\mathbf{A} \bullet (\mathbf{A} \times \mathbf{C}) = 4320 - 4320 = 0 \qquad \Rightarrow\ \mathbf{A} \perp (\mathbf{A} \times \mathbf{C})$

$\mathbf{C} \bullet (\mathbf{A} \times \mathbf{C}) = 0 \qquad \Rightarrow\ \mathbf{C} \perp (\mathbf{A} \times \mathbf{C})$

(3) $\mathbf{A} \bullet \mathbf{D} = -\,5100 - 7344 - 1836 = -\,14280 \qquad \mathbf{A} \times \mathbf{B} = 0$

$\Rightarrow\ \mathbf{A} \parallel \mathbf{D}$ Die Bivektoren **A** und **D** sind parallel.

Diese Parallelität erkennt man auch an einem simplen Größenvergleich:

$A = |\mathbf{A}| = \sqrt{10080} \quad \text{sowie} \quad D = |\mathbf{D}| = \sqrt{20230} \quad \Rightarrow \quad \frac{D}{A} = \frac{17}{12}$

Tatsächlich bestätigt eine Probe, dass das orientierte Flächenelement **D** ein Vielfaches des orientierten Flächenelements **A** ist:

$$\frac{17}{12}\mathbf{A} = \frac{17}{12}(60\ \sigma_x\sigma_y + 72\ \sigma_y\sigma_z - 36\ \sigma_z\sigma_x)$$

$$= 85\ \sigma_x\sigma_y + 102\ \sigma_y\sigma_z - 51\ \sigma_z\sigma_x$$

$$= \mathbf{D}$$

Und damit besitzen wir nun alle mathematischen Werkzeuge, die benötigt werden, um die Satzgruppe von de Gua de Malves vektoriell zu formulieren.

5 Die Satzgruppe von de Gua de Malves

Die dreidimensionale räumliche Verallgemeinerung eines Dreiecks in einer Ebene ist der aus vier Dreiecken zusammengesetzte Tetraeder. Und da die mathematischen Sätze hier in diesem Buch nicht nur für rechtwinklige Dreiecke aufgestellt werden sollen, sondern ganz allgemein für Dreiecke mit beliebigen Winkeln, schauen wir uns jetzt auch einen Tetraeder mit beliebigen Winkeln an (siehe Abbildung 7).

Natürlich zeichnen wir diesen Tetraeder wieder vektoriell. Allerdings sind einige Details anderes als beim Dreieck und später beim Pentachoron. Der wichtigste Unterschied: Die Ausrichtung der Seitenvektoren, die von der Spitze des Tetraeders D alle weg nach unten zeigen, ist anders als beim Dreieck (siehe Abbildung 4) und später beim Pentachoron (siehe Abbildung 17).

Beim Dreieck, beim Pentachoron und bei allen weiteren ungeradzahligen Hyper-Dreieckskörpern alternieren die Richtungen der alphabetisch bezeichneten Seitenvektoren. Die Hälfte der Seitenvektoren zeigt also von der Spitze eines ungeradzahligen Hyper-Dreieckskörpers weg, die andere Hälfte der Seitenvektoren zeigt zur Spitze hin.

Beim Tetraeder und bei allen anderen geradzahligen Hyper-Dreiecksköpern mit einer geraden Anzahl an Eckpunkten (und damit einer ungeraden Anzahl an Seitenvektoren, die die Spitze berühren) haben alle Seitenvektoren die gleiche Ausrichtung weg von der Spitze.

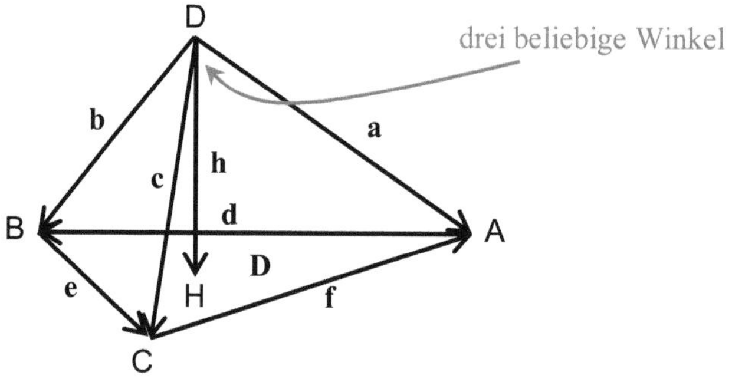

Abb. 7: Vektorielle Darstellung eines Tetraeders mit Grundfläche **D** und Höhe **h**.

Auch die Ausrichtung der Seitenvektoren der Grundfläche **D** wurde konsistent zur Nullsummenforderung

$$\mathbf{d} + \mathbf{e} + \mathbf{f} = 0 \tag{5.1}$$

gewählt. Diese Seitenvektoren der Grundfläche können somit als Differenzen der Seitenvektoren, die die Spitze D berühren, geschrieben werden:

$$\mathbf{d} = \mathbf{b} - \mathbf{a} \qquad \mathbf{e} = \mathbf{c} - \mathbf{b} \qquad \mathbf{f} = \mathbf{a} - \mathbf{c} \tag{5.2}$$

Der Spitze D liegt jetzt also nicht mehr ein einziger Grundseitenvektor (wie beim Dreieck), sondern die orientierte Grundfläche **D** gegenüber. Und so werden beim Satz von de Gua de Malves nicht Vektoren, sondern orientierte Dreiecksflächen betrachtet und verglichen.

Diese Dreiecksflächen werden jetzt gebildet. Und da jedes Dreieck drei Seiten hat, gibt es auch immer drei alternative Schreibweisen für die gleiche orientierte Dreiecksfläche.

Beispielsweise wird die dem Punkt A gegenüber liegende orientierte Dreiecksfläche **A** = DBC = BCD = CDB entweder durch die beiden Vektoren **b** = DB und **e** = BC oder aber durch die beiden Vektoren **e** = BC und – **c** = CD oder aber durch die beiden Vektoren –**c** = CD und **b** = DB aufgespannt.

Wie wir gesehen haben, ergibt die äußere Multiplikation dieser jeweils zwei Vektoren jedoch ein orientiertes Parallelogramm. Das gesuchte orientierte Dreiecksfläche ist dann genau halb so groß wie das Parallelogramm.

Ganz ausführlich geschrieben gilt also,

$$\mathbf{A} = \frac{1}{2}\,\mathbf{b} \wedge \mathbf{e} = \frac{1}{2}\,\mathbf{b} \wedge (\mathbf{c} - \mathbf{b}) = \frac{1}{2}\,\mathbf{b} \wedge \mathbf{c} - \frac{1}{2}\,\mathbf{b} \wedge \mathbf{b} = \frac{1}{2}\,\mathbf{b} \wedge \mathbf{c} \tag{5.3}$$

da das äußere Produkt eines Vektors mit sich selbst ($\mathbf{b} \wedge \mathbf{b} = 0$) zu Null verschwindet. Analog sind:

$$\mathbf{B} = \frac{1}{2}\,\mathbf{c} \wedge \mathbf{f} = \frac{1}{2}\,\mathbf{c} \wedge \mathbf{a} \qquad \mathbf{C} = \frac{1}{2}\,\mathbf{a} \wedge \mathbf{d} = \frac{1}{2}\,\mathbf{a} \wedge \mathbf{b} \tag{5.4}$$

Der entscheidende Zusammenhang kommt jetzt, denn nun wird die orientierte Grundfläche **D** berechnet. Diese Rechnung führt auf den zentralen Kern des vektoriellen Satzes von de Gua de Malves.

$$\begin{aligned} \mathbf{D} &= \frac{1}{2}\,\mathbf{d} \wedge \mathbf{e} \\ &= \frac{1}{2}\,(\mathbf{b} - \mathbf{a}) \wedge (\mathbf{c} - \mathbf{b}) \\ &= \frac{1}{2}\,\mathbf{b} \wedge \mathbf{c} - \frac{1}{2}\,\mathbf{b} \wedge \mathbf{b} - \frac{1}{2}\,\mathbf{a} \wedge \mathbf{c} + \frac{1}{2}\,\mathbf{a} \wedge \mathbf{b} \\ &= \frac{1}{2}\,\mathbf{b} \wedge \mathbf{c} - 0 + \frac{1}{2}\,\mathbf{c} \wedge \mathbf{a} + \frac{1}{2}\,\mathbf{a} \wedge \mathbf{b} \\ &= \mathbf{A} + \mathbf{B} + \mathbf{C} \end{aligned} \tag{5.5}$$

Diese simple, unquadratische Beziehung

$$\mathbf{A} + \mathbf{B} + \mathbf{C} = \mathbf{D} \tag{5.5}$$

stellt die Urform, die eigentliche Essenz und das unendlich feste Fundament des Satzes von de Gua des Malves dar. Gleichung (5.5) gilt immer und überall, für jeden Tetraeder.

Den verallgemeinerten bivektoriellen Satz von de Gua de Malves erhalten wir, indem wir (5.5) quadrieren. Das geht jetzt wieder alles ganz schnell, denn es ist nicht kompliziert. Es wird lediglich die Definition des inneren Produkts zweier Bivektoren (4.11) benötigt:

$$\begin{aligned}(\mathbf{A} + \mathbf{B} + \mathbf{C})^2 &= (\mathbf{A} + \mathbf{B} + \mathbf{C})\,(\mathbf{A} + \mathbf{B} + \mathbf{C}) \\ &= \mathbf{A}^2 + \mathbf{A}\,\mathbf{B} + \mathbf{A}\,\mathbf{C} + \mathbf{B}\,\mathbf{A} + \mathbf{B}^2 + \mathbf{B}\,\mathbf{C} + \mathbf{C}\,\mathbf{A} + \mathbf{C}\,\mathbf{B} + \mathbf{C}^2 \\ &= \mathbf{A}^2 + \mathbf{B}^2 + \mathbf{C}^2 + \mathbf{A}\,\mathbf{B} + \mathbf{B}\,\mathbf{A} + \mathbf{B}\,\mathbf{C} + \mathbf{C}\,\mathbf{B} + \mathbf{C}\,\mathbf{A} + \mathbf{A}\,\mathbf{C} \\ &= \mathbf{A}^2 + \mathbf{B}^2 + \mathbf{C}^2 + 2\,\mathbf{A} \bullet \mathbf{B} + 2\,\mathbf{B} \bullet \mathbf{C} + 2\,\mathbf{C} \bullet \mathbf{A} \\ &= \mathbf{D}^2\end{aligned} \tag{5.6}$$

That's it!

Diese nun quadratische Beziehung

$$\mathbf{D}^2 = \mathbf{A}^2 + \mathbf{B}^2 + \mathbf{C}^2 + 2\,\mathbf{A} \bullet \mathbf{B} + 2\,\mathbf{B} \bullet \mathbf{C} + 2\,\mathbf{C} \bullet \mathbf{A} \tag{5.6}$$

ist der verallgemeinerte bivektorielle Satz von de Gua de Malves für beliebige Tetraeder. Selbstverständlich vereinfacht er sich für rechtwinklige Tetraeder zu

$$\mathbf{D}^2 = \mathbf{A}^2 + \mathbf{B}^2 + \mathbf{C}^2 \qquad \text{wenn } \mathbf{a} \perp \mathbf{b},\ \mathbf{b} \perp \mathbf{c} \text{ und } \mathbf{c} \perp \mathbf{a} \tag{5.7}$$

$$\text{da dann auch automatisch } \mathbf{A} \perp \mathbf{B},\ \mathbf{B} \perp \mathbf{C} \text{ und } \mathbf{C} \perp \mathbf{A},$$

so dass die inneren Produkte Null sind.

Und natürlich können auch bivektorielle Analoga zu den vektoriellen Euklidischen Höhen- und Kathetensätzen gefunden werden. Dazu werden die bivektoriellen Analoga der Seitenabschnittsvektoren **p** und **q** sowie der Höhe **h** benötigt. Diese Analoga sind nun keine eindimensionalen Vektoren mehr, sondern zweidimensionale orientierte Flächenstücke.

Um diese orientierten Flächenstücke zu bilden, ergänzen wir die Skizze des Tetraeders von Abbildung 7 und zeichnen vom Fußpunkt des Höhenvektors H zu den drei Eckpunkten A, B, und C die Verbindungsvektoren **p**, **q** und **r** ein.

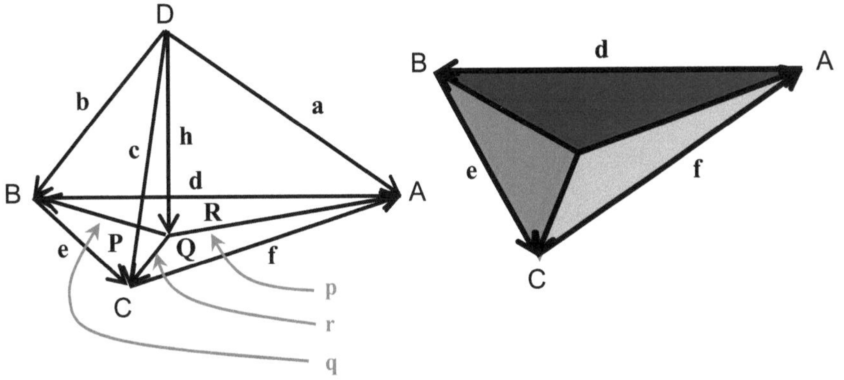

Abb. 8: Vektorielle Darstellung eines Tetraeders mit der Grundfläche **D**, die in die drei orientierten Flächenstücke **P**, **Q** und **R** aufgeteilt ist, von vorne (links) und von oben (rechts).

Diese Verbindungsvektoren **p** = HA, **q** = HB und **r** = HC (siehe Abbildung 8) lassen sich dann mit Hilfe des nach unten gerichteten Höhenvektors **h** und den von der Tetraederspitze D ausgehenden Seitenvektoren als Differenzvektoren

$$\mathbf{p} = \mathbf{a} - \mathbf{h} \qquad \mathbf{q} = \mathbf{b} - \mathbf{h} \qquad \mathbf{r} = \mathbf{c} - \mathbf{h} \tag{5.8}$$

schreiben. Wenn der Tetraeder direkt von oben betrachtet wird (siehe rechte Teilabbildung 8), liegt der Fußpunkt H direkt unter der Tetraederspitze D und die Verbindungsvektoren (5.8) liegen direkt unter den entsprechenden Seitenvektoren.

Die Grundfläche **D** wird durch diese Verbindungsvektoren dann in die drei orientierten Teilflächen **P** = HBC = BCH = CHB, **Q** = HCA = CAH = AHC sowie **R** = HAB = ABH = BHA aufgeteilt.

Da diese Teilflächen dreiecksförmig sind, entsprechen ihre orientierten Flächen wieder jeweils der Hälfte der von ihren Seitenvektoren aufgespannten Parallelogramme. Das halbierte orientierte Parallelogramm der Teilfläche **P** entspricht dann dem folgenden äußeren Produkt:

$$\begin{aligned}
\mathbf{P} &= \tfrac{1}{2}\,\mathbf{q} \wedge \mathbf{e} && = \tfrac{1}{2}\,\mathbf{e} \wedge (-\mathbf{r}) && = \tfrac{1}{2}\,(-\mathbf{r}) \wedge \mathbf{q} \\
&= \tfrac{1}{2}\,(\mathbf{b} - \mathbf{h}) \wedge (\mathbf{c} - \mathbf{b}) && = \tfrac{1}{2}\,(\mathbf{c} - \mathbf{b}) \wedge (\mathbf{h} - \mathbf{c}) && = \tfrac{1}{2}\,(\mathbf{h} - \mathbf{c}) \wedge (\mathbf{b} - \mathbf{h}) \\
&= \tfrac{1}{2}\,\mathbf{b} \wedge \mathbf{c} - \tfrac{1}{2}\,\mathbf{h} \wedge \mathbf{c} + \tfrac{1}{2}\,\mathbf{h} \wedge \mathbf{b} \qquad (5.9) \\
&= \mathbf{A} - \mathbf{H_c} + \mathbf{H_b}
\end{aligned}$$

Vergleichen Sie dieses Resultat bitte mit den Formel (2.6) **a** + **h** = **p** bzw. **b** – **h** = **q** beim Dreieck. Die zum Höhenvektor **h** beim Dreieck äquivalente höhenartige orientierte Fläche entspricht der Summe aus den beiden „Innenwänden“ über den Verbindungsvektoren **r** und (– **q**). Diese beiden orientierten Innenwände, die senkrecht zur Grundfläche **D** stehen, sind in Abbildung 9 grau hervorgehoben.

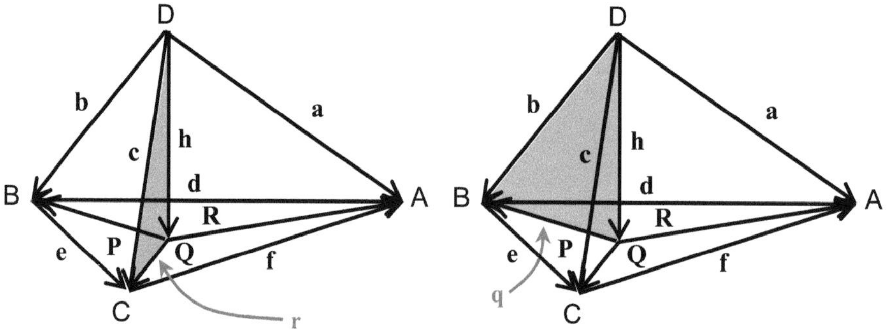

Abb. 9: Die höhenartigen Dreiecksflächen $\mathbf{H}_c$ = DCH = CHD = HDC (links) und $\mathbf{H}_b$ = DBH = BHD = HDB (rechts) im Tetraeder.

Deshalb wird diese Summe der beiden orientierten Innenwände bezüglich Teilfläche **P** hier als die zur **P** gehörige höhenartige bivektorielle orientierte Fläche $\mathbf{H}_\mathbf{P}$ definiert:

$$\mathbf{H}_\mathbf{P} = \mathbf{H}_c - \mathbf{H}_b = \frac{1}{2}\,\mathbf{h} \wedge \mathbf{c} - \frac{1}{2}\,\mathbf{h} \wedge \mathbf{b} = \frac{1}{2}\,\mathbf{h} \wedge (\mathbf{c} - \mathbf{b}) = \frac{1}{2}\,\mathbf{h} \wedge \mathbf{e} \qquad (5.10)$$

Damit lässt sich schreiben:

$$\mathbf{P} = \mathbf{A} - \mathbf{H}_\mathbf{P} \qquad \text{bzw.} \qquad \mathbf{P} + \mathbf{H}_\mathbf{P} = \mathbf{A} \qquad (5.11)$$

Da **P** und $\mathbf{H}_\mathbf{P}$ senkrecht zueinander stehen, folgt aufgrund des verschwindenden inneren Produkts

$$\mathbf{P} \bullet \mathbf{H}_\mathbf{P} = 0 \qquad \text{(und übrigens auch: } \mathbf{D} \bullet \mathbf{H}_\mathbf{P} = 0 \text{ da } \mathbf{P} \parallel \mathbf{D}) \qquad (5.12)$$

für das Quadrat von Gleichung (5.11),

$$\mathbf{P}^2 + \mathbf{H}_\mathbf{P}^2 = \mathbf{A}^2 \qquad \Rightarrow \qquad \mathbf{P}^2 = \mathbf{A}^2 - \mathbf{H}_\mathbf{P}^2 \qquad (5.13)$$

was für den verallgemeinerten bivektoriellen Höhensatz noch wichtig werden soll.

Die anderen beiden orientierten Teilflächen **Q** und **R** können in analoger Art und Weise aufgeschrieben und umgeformt werden:

$$\mathbf{Q} = \frac{1}{2}\,\mathbf{r} \wedge \mathbf{f} \qquad = \frac{1}{2}\,\mathbf{f} \wedge (-\mathbf{p}) \qquad = \frac{1}{2}\,(-\mathbf{p}) \wedge \mathbf{r}$$

$$= \frac{1}{2}\,(\mathbf{c} - \mathbf{h}) \wedge (\mathbf{a} - \mathbf{c}) \quad = \frac{1}{2}\,(\mathbf{a} - \mathbf{c}) \wedge (\mathbf{h} - \mathbf{a}) \quad = \frac{1}{2}\,(\mathbf{h} - \mathbf{a}) \wedge (\mathbf{c} - \mathbf{h})$$

$$= \frac{1}{2}\,\mathbf{c} \wedge \mathbf{a} - \frac{1}{2}\,\mathbf{h} \wedge \mathbf{a} + \frac{1}{2}\,\mathbf{h} \wedge \mathbf{c} \tag{5.14}$$

$$= \mathbf{B} - \mathbf{H_a} + \mathbf{H_c}$$

und

$$\mathbf{R} = \frac{1}{2}\,\mathbf{p} \wedge \mathbf{d} \qquad = \frac{1}{2}\,\mathbf{d} \wedge (-\mathbf{q}) \qquad = \frac{1}{2}\,(-\mathbf{q}) \wedge \mathbf{p}$$

$$= \frac{1}{2}\,(\mathbf{a} - \mathbf{h}) \wedge (\mathbf{b} - \mathbf{a}) \quad = \frac{1}{2}\,(\mathbf{b} - \mathbf{a}) \wedge (\mathbf{h} - \mathbf{b}) \quad = \frac{1}{2}\,(\mathbf{h} - \mathbf{b}) \wedge (\mathbf{a} - \mathbf{h})$$

$$= \frac{1}{2}\,\mathbf{a} \wedge \mathbf{b} - \frac{1}{2}\,\mathbf{h} \wedge \mathbf{b} + \frac{1}{2}\,\mathbf{h} \wedge \mathbf{a} \tag{5.15}$$

$$= \mathbf{C} - \mathbf{H_b} + \mathbf{H_a}$$

Wie erwartet ergeben diese orientierten Teilflächen **P**, **Q** und **R** dann die gesamte orientierte Grundfläche **D**:

$$\mathbf{P} + \mathbf{Q} + \mathbf{R} = \mathbf{A} + \mathbf{B} + \mathbf{C} = \mathbf{D} \tag{5.16}$$

Weitere Definitionen und bivektorielle Zusammenhänge:

$$\mathbf{H_Q} = \mathbf{H_a} - \mathbf{H_c} = \frac{1}{2}\,\mathbf{h} \wedge \mathbf{a} - \frac{1}{2}\,\mathbf{h} \wedge \mathbf{c} = \frac{1}{2}\,\mathbf{h} \wedge (\mathbf{a} - \mathbf{c}) = \frac{1}{2}\,\mathbf{h} \wedge \mathbf{f} \tag{5.17}$$

$$\mathbf{H_R} = \mathbf{H_b} - \mathbf{H_a} = \frac{1}{2}\,\mathbf{h} \wedge \mathbf{b} - \frac{1}{2}\,\mathbf{h} \wedge \mathbf{a} = \frac{1}{2}\,\mathbf{h} \wedge (\mathbf{b} - \mathbf{a}) = \frac{1}{2}\,\mathbf{h} \wedge \mathbf{d} \tag{5.18}$$

$$\Rightarrow \qquad \mathbf{Q} = \mathbf{B} - \mathbf{H_Q} \qquad \text{bzw.} \qquad \mathbf{Q} + \mathbf{H_Q} = \mathbf{B} \tag{5.19}$$

$$\mathbf{R} = \mathbf{C} - \mathbf{H_R} \qquad \text{bzw.} \qquad \mathbf{R} + \mathbf{H_R} = \mathbf{C} \tag{5.20}$$

Aufgrund ihrer Orthogonalität folgt dann wieder

$$\mathbf{Q} \bullet \mathbf{H_Q} = \mathbf{D} \bullet \mathbf{H_Q} = 0 \qquad \text{und} \qquad \mathbf{R} \bullet \mathbf{H_R} = \mathbf{D} \bullet \mathbf{H_R} = 0 \tag{5.21}$$

für die Quadrate der Gleichungen (5.21):

$$\mathbf{Q}^2 + \mathbf{H_Q}^2 = \mathbf{B}^2 \qquad \text{und} \qquad \mathbf{R}^2 + \mathbf{H_R}^2 = \mathbf{C}^2 \tag{5.22}$$

Jetzt lassen sich die drei verallgemeinerten bivektoriellen Kathetensätze der Satzgruppe von de Gua de Malves für Tetraeder beliebiger Winkel aufstellen:

$$\mathbf{P\,D} = \mathbf{P} \bullet \mathbf{D} \qquad \text{da } \mathbf{P} \parallel \mathbf{D} \text{ und somit } \mathbf{P} \times \mathbf{D} = 0$$

$$= (\mathbf{A} - \mathbf{H_P}) \bullet \mathbf{D} \qquad \text{siehe Gl. (5.11)}$$

$$= \mathbf{A} \bullet \mathbf{D} - \mathbf{H_P} \bullet \mathbf{D} = \mathbf{A} \bullet \mathbf{D} \qquad \text{siehe Gl. (5.12)}$$

$$= \mathbf{A} \bullet (\mathbf{A} + \mathbf{B} + \mathbf{C}) \qquad \text{siehe Gl. (5.5)}$$

$$\Rightarrow \qquad \mathbf{P\,D} = \mathbf{A}^2 + \mathbf{C} \bullet \mathbf{A} + \mathbf{A} \bullet \mathbf{B} \tag{5.23}$$

Zweiter verallgemeinerter bivektorieller Kathetensatz von de Gua de Malves:

$$\mathbf{Q\,D} = \mathbf{Q} \bullet \mathbf{D} = (\mathbf{B} - \mathbf{H_Q}) \bullet \mathbf{D} = \mathbf{B} \bullet \mathbf{D} - \mathbf{H_Q} \bullet \mathbf{D} = \mathbf{B} \bullet \mathbf{D} = \mathbf{B} \bullet (\mathbf{A} + \mathbf{B} + \mathbf{C})$$

$$\Rightarrow \qquad \mathbf{Q\,D} = \mathbf{B}^2 + \mathbf{A} \bullet \mathbf{B} + \mathbf{B} \bullet \mathbf{C} \tag{5.24}$$

Dritter verallgemeinerter bivektorieller Kathetensatz von de Gua de Malves:

$$\mathbf{R\,D} = \mathbf{R} \bullet \mathbf{D} = (\mathbf{C} - \mathbf{H_R}) \bullet \mathbf{D} = \mathbf{C} \bullet \mathbf{D} - \mathbf{H_R} \bullet \mathbf{D} = \mathbf{C} \bullet \mathbf{D} = \mathbf{C} \bullet (\mathbf{A} + \mathbf{B} + \mathbf{C})$$

$$\Rightarrow \qquad \mathbf{R\,D} = \mathbf{C}^2 + \mathbf{B} \bullet \mathbf{C} + \mathbf{C} \bullet \mathbf{A} \tag{5.25}$$

Da die Summer aller drei orientierten Teilflächen $\mathbf{P} + \mathbf{Q} + \mathbf{R} = \mathbf{D}$ (5.16) die gesamte orientierte Grundfläche $\mathbf{D}$ ergibt, ergibt die Summe der drei verallgemeinerten bivektoriellen Kathetensätze von de Gua de Malves den verallgemeinerten bivektoriellen Satz von de Gua de Malves:

$$\mathbf{P\,D} + \mathbf{Q\,D} + \mathbf{R\,D} = \mathbf{D}^2 = \mathbf{A}^2 + \mathbf{B}^2 + \mathbf{C}^2 + 2\,\mathbf{A} \bullet \mathbf{B} + 2\,\mathbf{B} \bullet \mathbf{C} + 2\,\mathbf{C} \bullet \mathbf{A} \tag{5.6}$$

Ähnlich zielstrebig wird nun nach einem verallgemeinerten Höhensatz gesucht. Da aber drei verschiedene höhenartige bivektorielle orientierte Flächen $\mathbf{H_P}$, $\mathbf{H_Q}$ und $\mathbf{H_R}$ existieren, gibt es auch drei verschiede Verallgemeinerungen des Höhensatzes:

$$\mathbf{P}\,(\mathbf{Q} + \mathbf{R}) = \mathbf{P}\,(\mathbf{D} - \mathbf{P}) = \mathbf{P\,D} - \mathbf{P}^2 \qquad \text{Einsetzen von}$$

$$= \mathbf{A}^2 + \mathbf{C} \bullet \mathbf{A} + \mathbf{A} \bullet \mathbf{B} - \mathbf{A}^2 + \mathbf{H_P}^2 \qquad \text{Gl. (5.23) \& (5.13)}$$

$$\Rightarrow \qquad \mathbf{P}\,(\mathbf{Q} + \mathbf{R}) = \mathbf{P}\,(\mathbf{D} - \mathbf{P}) = \mathbf{H_P}^2 + \mathbf{C} \bullet \mathbf{A} + \mathbf{A} \bullet \mathbf{B} \tag{5.26}$$

Zweiter verallgemeinerter bivektorieller Höhensatz von de Gua de Malves:

$$\mathbf{Q}\,(\mathbf{R} + \mathbf{P}) = \mathbf{Q}\,(\mathbf{D} - \mathbf{Q}) = \mathbf{Q\,D} - \mathbf{Q}^2 = \mathbf{B}^2 + \mathbf{A} \bullet \mathbf{B} + \mathbf{B} \bullet \mathbf{C} - \mathbf{B}^2 + \mathbf{H_Q}^2$$

$$\Rightarrow \qquad \mathbf{Q}\,(\mathbf{R} + \mathbf{P}) = \mathbf{Q}\,(\mathbf{D} - \mathbf{Q}) = \mathbf{H_Q}^2 + \mathbf{A} \bullet \mathbf{B} + \mathbf{B} \bullet \mathbf{C} \tag{5.27}$$

Dritter verallgemeinerter bivektorieller Höhensatz von de Gua de Malves:

$$\mathbf{R}\,(\mathbf{P} + \mathbf{Q}) = \mathbf{R}\,(\mathbf{D} - \mathbf{R}) = \mathbf{Q\,D} - \mathbf{R}^2 = \mathbf{C}^2 + \mathbf{B} \bullet \mathbf{C} + \mathbf{C} \bullet \mathbf{A} - \mathbf{C}^2 + \mathbf{H_R}^2$$

$$\Rightarrow \qquad \mathbf{R}\,(\mathbf{P}+\mathbf{Q}) = \mathbf{R}\,(\mathbf{D}-\mathbf{R}) = \mathbf{H_R}^2 + \mathbf{B} \bullet \mathbf{C} + \mathbf{C} \bullet \mathbf{A} \qquad (5.28)$$

Nur die Verallgemeinerung des Flächensatzes von Dreiecken $\mathbf{a} \wedge \mathbf{b} = \mathbf{c}\,\mathbf{h}$ (2.14) fällt etwas aus der Reihe. Bei Tetraedern wird er zu einem Volumensatz. Dazu kann der Tetraeder in ein Parallelepiped eingebettet werden, das die doppelte orientierte Grundfläche **D** des Tetraeders besitzt. Eine solche Einbettung wird in Abbildung 10 gezeigt.

Der Tetraeder passt dann genau drei mal in das Dreiecksprima mit Grundfläche **D** oder aber sechs mal in das Parallelepiped mit doppelter Grundfläche 2 **D** von Abbildung 10 hinein.

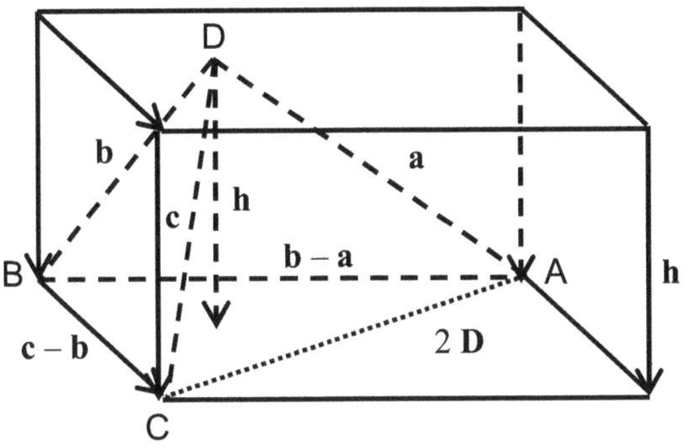

Abb. 10: Vektorielle Darstellung eines Tetraeder mit Grundfläche **D** und Höhe **h**.

Dieses Parallelepiped, das etwas altertümlich auch als „Spat“ bezeichnet werden kann, besitzt somit das folgende orientierte Volumen:

$$
\begin{aligned}
\mathbf{V_{Spat}} &= 2\,\mathbf{D}\,\mathbf{h} = 2\,\mathbf{D} \wedge \mathbf{h} && \text{da } \mathbf{D} \perp \mathbf{h} \text{ und damit } \mathbf{D} \bullet \mathbf{h} = 0 \\
&= 2\,\mathbf{D} \wedge (\mathbf{a}-\mathbf{p}) && \text{mit Hilfe von Gl. (5.8)} \\
&= 2\,\mathbf{D} \wedge \mathbf{a} - 2\,\mathbf{D} \wedge \mathbf{p} = 2\,\mathbf{D} \wedge \mathbf{a} && \text{da } \mathbf{D} \parallel \mathbf{p} \text{ und damit } \mathbf{D} \wedge \mathbf{p} = 0 \\
&= (\mathbf{b} \wedge \mathbf{c} + \mathbf{c} \wedge \mathbf{a} + \mathbf{a} \wedge \mathbf{b}) \wedge \mathbf{a} && \text{mit Hilfe von Gl. (5.5)} \\
&= \mathbf{b} \wedge \mathbf{c} \wedge \mathbf{a} + \mathbf{c} \wedge \mathbf{a} \wedge \mathbf{a} + \mathbf{a} \wedge \mathbf{b} \wedge \mathbf{a} && \text{da } \mathbf{a} \wedge \mathbf{a} = 0 \\
&= \mathbf{b} \wedge \mathbf{c} \wedge \mathbf{a} = -\,\mathbf{b} \wedge \mathbf{a} \wedge \mathbf{c} && \text{Anti-Kommutativität} \\
&= \mathbf{a} \wedge \mathbf{b} \wedge \mathbf{c} = 6\,\mathbf{V} && (5.29)
\end{aligned}
$$

Es ist also genauso groß wie das orientierte Volumen des Parallelepipeds, das direkt durch die drei Seitenvektoren **a**, **b**, **c** des Tetraeders aufgespannt wird. Dieses zu Abbildung 10 volumengleiche Parallelepiped wird in Abbildung 11 gezeigt.

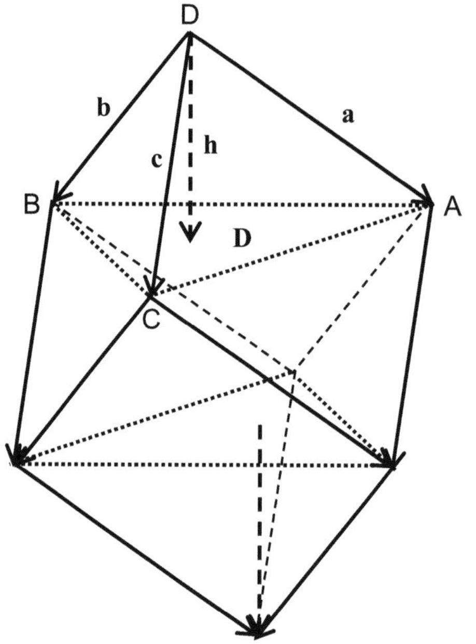

Abb. 11: Vektorielle Darstellung des von **a**, **b** und **c** aufgespannten Parallelepipeds: drei jeweils unterschiedliche Parallelogramme (fett eingezeichnet) stehen drei gleich große Parallelogramme (gestrichelt ergänzt) parallel gegenüber.

Jetzt können die einzelnen Sätze wieder in einer Übersicht (siehe Tabelle 2) zusammengestellt werden., wobei für rechtwinklige Tetraeder die inneren Produkte **A • B** = **B • C** = **C • A** = 0 aufgrund der Orthogonalität der orientierten Seitenflächen **A**, **B** und **C** wegfallen.

Und die Beispielaufgabe am Kapitelende lautet dann:

Ein Tetraeder mit den folgenden Eckpunkten ist gegeben: A (34; 45; 32)
B (42; 44; 12)
C (35; 28; 52)
D (21; 31; 26)

Überprüfen Sie durch Nachrechnen den verallgemeinerten bivektoriellen Satz von de Gua de Malves und bestimmen Sie die orientierten Teilflächen **P**, **Q** und **R** mit Hilfe der verallgemeinerten bivektoriellen Kathetensätze. Überprüfen Sie Ihre Ergebnisse dann mit Hilfe des per Volumensatz ermittelten Höhenvektors **h** durch Nachrechnen der verallgemeinerten bivektoriellen Höhensätze.

Rechtwinklige Tetraeder	**Tetraeder beliebiger Winkel**
$\mathbf{D}^2 = \mathbf{A}^2 + \mathbf{B}^2 + \mathbf{C}^2$	$\mathbf{D}^2 = \mathbf{A}^2 + \mathbf{B}^2 + \mathbf{C}^2 + 2\,\mathbf{A} \bullet \mathbf{B} + 2\,\mathbf{B} \bullet \mathbf{C} + 2\,\mathbf{C} \bullet \mathbf{A}$
Bivektorielle „Kathetensätze"	
$\mathbf{P\,D} = \mathbf{A}^2$ $\mathbf{Q\,D} = \mathbf{B}^2$ $\mathbf{R\,D} = \mathbf{C}^2$	$\mathbf{P\,D} = \mathbf{A}^2 + \mathbf{C} \bullet \mathbf{A} + \mathbf{A} \bullet \mathbf{B}$ $\mathbf{Q\,D} = \mathbf{B}^2 + \mathbf{A} \bullet \mathbf{B} + \mathbf{B} \bullet \mathbf{C}$ $\mathbf{R\,D} = \mathbf{C}^2 + \mathbf{B} \bullet \mathbf{C} + \mathbf{C} \bullet \mathbf{A}$
Bivektorielle „Höhensätze"	
$\mathbf{P}\,(\mathbf{D} - \mathbf{P}) = \mathbf{H_P}^2$ $\mathbf{Q}\,(\mathbf{D} - \mathbf{Q}) = \mathbf{H_Q}^2$ $\mathbf{R}\,(\mathbf{D} - \mathbf{R}) = \mathbf{H_R}^2$	$\mathbf{P}\,(\mathbf{D} - \mathbf{P}) = \mathbf{H_P}^2 + \mathbf{C} \bullet \mathbf{A} + \mathbf{A} \bullet \mathbf{B}$ $\mathbf{Q}\,(\mathbf{D} - \mathbf{Q}) = \mathbf{H_Q}^2 + \mathbf{A} \bullet \mathbf{B} + \mathbf{B} \bullet \mathbf{C}$ $\mathbf{R}\,(\mathbf{D} - \mathbf{R}) = \mathbf{H_R}^2 + \mathbf{B} \bullet \mathbf{C} + \mathbf{C} \bullet \mathbf{A}$
„Volumensätze"	
$\mathbf{a\,b\,c} = 2\,\mathbf{D\,h} = 6\,\mathbf{V}$	$\mathbf{a} \wedge \mathbf{b} \wedge \mathbf{c} = 2\,\mathbf{D\,h} = 6\,\mathbf{V}$

Tab. 2: Übersicht über die bivektorielle Satzgruppe von de Gua de Malves und deren Verallgemeinerung.

Zur Lösung der Beispielaufgabe werden zuerst die Ortsvektoren der vier angegebenen Eckpunkte des Tetraeders mit Hilfe der Geometrischen Algebra angegeben:

$$A\,(34;\,45;\,32) \quad \Rightarrow \quad \mathbf{r_A} = 34\,\sigma_x + 45\,\sigma_y + 32\,\sigma_z$$

$$B\,(42;\,44;\,12) \quad \Rightarrow \quad \mathbf{r_B} = 42\,\sigma_x + 44\,\sigma_y + 12\,\sigma_z$$

$$C\,(35;\,28;\,52) \quad \Rightarrow \quad \mathbf{r_C} = 35\,\sigma_x + 28\,\sigma_y + 52\,\sigma_z$$

$$D\,(21;\,31;\,26) \quad \Rightarrow \quad \mathbf{r_D} = 21\,\sigma_x + 31\,\sigma_y + 26\,\sigma_z$$

Die sechs Differenzvektoren dieser Ortsvektoren ergeben die Seitenvektoren des vorgegebenen Tetraeders:

$\mathbf{a} = \mathbf{r}_A - \mathbf{r}_D = 13\,\sigma_x + 14\,\sigma_y + 6\,\sigma_z$ $\quad$ $\mathbf{d} = \mathbf{r}_B - \mathbf{r}_A = \mathbf{b} - \mathbf{a} = 8\,\sigma_x - 1\,\sigma_y - 20\,\sigma_z$

$\mathbf{b} = \mathbf{r}_B - \mathbf{r}_D = 21\,\sigma_x + 13\,\sigma_y - 14\,\sigma_z$ $\quad$ $\mathbf{e} = \mathbf{r}_C - \mathbf{r}_B = \mathbf{c} - \mathbf{b} = -7\,\sigma_x - 16\,\sigma_y + 40\,\sigma_z$

$\mathbf{c} = \mathbf{r}_C - \mathbf{r}_D = 14\,\sigma_x - 3\,\sigma_y + 26\,\sigma_z$ $\quad$ $\mathbf{f} = \mathbf{r}_A - \mathbf{r}_C = \mathbf{a} - \mathbf{c} = -1\,\sigma_x + 17\,\sigma_y - 20\,\sigma_z$

Damit ergeben sich die folgenden orientierten Seitenflächen …

$$\mathbf{A} = \frac{1}{2}\,\mathbf{b} \wedge \mathbf{c} = -\,122{,}5\,\sigma_x\sigma_y + 148\,\sigma_y\sigma_z - 371\,\sigma_z\sigma_x$$

$$\mathbf{B} = \frac{1}{2}\,\mathbf{c} \wedge \mathbf{a} = 117{,}5\,\sigma_x\sigma_y - 191\,\sigma_y\sigma_z + 127\,\sigma_z\sigma_x$$

$$\mathbf{C} = \frac{1}{2}\,\mathbf{a} \wedge \mathbf{b} = -\,62{,}5\,\sigma_x\sigma_y - 137\,\sigma_y\sigma_z + 154\,\sigma_z\sigma_x$$

$$\mathbf{D} = \frac{1}{2}\,\mathbf{d} \wedge \mathbf{e} = \frac{1}{2}\,\mathbf{e} \wedge \mathbf{f} = \frac{1}{2}\,\mathbf{f} \wedge \mathbf{d} = -\,67{,}5\,\sigma_x\sigma_y - 180\,\sigma_y\sigma_z - 90\,\sigma_z\sigma_x = \mathbf{A} + \mathbf{B} + \mathbf{C}$$

… sowie deren Quadrate und inneren Produkte:

$\mathbf{A}^2 = -\,174\,551{,}25$ $\quad$ $\mathbf{A} \bullet \mathbf{B} = 89\,778{,}75$

$\mathbf{B}^2 = -\,66\,416{,}25$ $\quad$ $\mathbf{B} \bullet \mathbf{C} = -\,38\,381{,}25$

$\mathbf{C}^2 = -\,46\,391{,}25$ $\quad$ $\mathbf{C} \bullet \mathbf{A} = 69\,753{,}75$ $\quad$ $\mathbf{D}^2 = -\,45\,056{,}25$

Nun lässt sich die Gültigkeit des verallgemeinerten bivektoriellen Satzes von de Gua de Malves für dieses Beispieltetraeder bestätigen:

$$\begin{aligned}
&\mathbf{A}^2 + \mathbf{B}^2 + \mathbf{C}^2 + 2\,\mathbf{A} \bullet \mathbf{B} + 2\,\mathbf{B} \bullet \mathbf{C} + 2\,\mathbf{C} \bullet \mathbf{A} \\
&\quad = -\,174\,551{,}25 - 66\,416{,}25 - 46\,391{,}25 + 179\,557{,}5 - 76\,762{,}5 + 139\,507{,}5 \\
&\quad = -\,45\,056{,}25 = \mathbf{D}^2 \quad \Rightarrow \quad \text{o.k.}
\end{aligned}$$

Berechnung des inversen Bivektors $\mathbf{D}^{-1}$ der orientierten Grundfläche:

$$\begin{aligned}
\mathbf{D}^{-1} &= \frac{\mathbf{D}}{\mathbf{D}^2} = \frac{1}{-45056{,}25}\,(-\,67{,}5\,\sigma_x\sigma_y - 180\,\sigma_y\sigma_z - 90\,\sigma_z\sigma_x) \\
&= \frac{2}{4005}\,(3\,\sigma_x\sigma_y + 8\,\sigma_y\sigma_z + 4\,\sigma_z\sigma_x)
\end{aligned}$$

Jetzt können die verallgemeinerten bivektoriellen Kathetensätze (5.23), (5.24) und (5.25) von rechts durch die orientierte Grundfläche **D** geteilt werden, um die Teilflächen zu ermitteln:

$$\mathbf{P} = (\mathbf{A}^2 + \mathbf{C} \bullet \mathbf{A} + \mathbf{A} \bullet \mathbf{B})\,\mathbf{D}^{-1}$$

$$= (-\,174\,551{,}25 + 69\,753{,}75 + 89\,778{,}75)\,\frac{2}{4005}\,(3\,\sigma_x\sigma_y + 8\,\sigma_y\sigma_z + 4\,\sigma_z\sigma_x)$$

$$= -\,22{,}5\,\sigma_x\sigma_y - 60\,\sigma_y\sigma_z - 30\,\sigma_z\sigma_x = \frac{1}{3}\,\mathbf{D}$$

$$\mathbf{Q} = (\mathbf{B}^2 + \mathbf{A} \bullet \mathbf{B} + \mathbf{B} \bullet \mathbf{C})\,\mathbf{D}^{-1}$$

$$= (-\,66\,416{,}25 + 89\,778{,}75 - 38\,381{,}25)\,\frac{2}{4005}\,(3\,\sigma_x\sigma_y + 8\,\sigma_y\sigma_z + 4\,\sigma_z\sigma_x)$$

$$= -\,22{,}5\,\sigma_x\sigma_y - 60\,\sigma_y\sigma_z - 30\,\sigma_z\sigma_x = \frac{1}{3}\,\mathbf{D}$$

$$\mathbf{R} = (\mathbf{C}^2 + \mathbf{B} \bullet \mathbf{C} + \mathbf{C} \bullet \mathbf{A})\,\mathbf{D}^{-1}$$

$$= (-\,46\,391{,}25 - 38\,381{,}25 + 69\,753{,}75)\,\frac{2}{4005}\,(3\,\sigma_x\sigma_y + 8\,\sigma_y\sigma_z + 4\,\sigma_z\sigma_x)$$

$$= -\,22{,}5\,\sigma_x\sigma_y - 60\,\sigma_y\sigma_z - 30\,\sigma_z\sigma_x = \frac{1}{3}\,\mathbf{D}$$

Das ist doch ein nettes Ergebnis, das auch durch die Probe $\mathbf{P} + \mathbf{Q} + \mathbf{R} = \mathbf{D}$ bestätigt wird.

Rechnen macht Spaß! Deshalb soll in der letzten Teilaufgabe ein anderer, rechenintensiverer Weg gegangen werden, indem zuerst der Höhenvektor **h** mit Hilfe des Volumensatzes berechnet wird.

Zuerst wird dazu das Volumen des Parallelepipeds benötigt, wobei $\mathbf{a} \wedge \mathbf{b}$ als das Doppelte der orientierten Seitenfläche **C** bereits bekannt ist:

$$\mathbf{V}_{\mathbf{Spat}} = \mathbf{a} \wedge \mathbf{b} \wedge \mathbf{c} = (-\,125\,\sigma_x\sigma_y - 274\,\sigma_y\sigma_z + 308\,\sigma_z\sigma_x) \wedge (14\,\sigma_x - 3\,\sigma_y + 26\,\sigma_z)$$

$$= (-\,3250 - 3836 - 924)\,\sigma_x\sigma_y\sigma_z = -\,8010\,\sigma_x\sigma_y\sigma_z$$

Nun folgt die linksseitige Division des Volumensatzes durch das Doppelte der orientierten Grundfläche **D**:

$$\mathbf{h} = \frac{1}{2}\,(\mathbf{a} \wedge \mathbf{b} \wedge \mathbf{c})\,\mathbf{D}^{-1} = \frac{1}{2}\,(-\,8010\,\sigma_x\sigma_y\sigma_z)\,\frac{2}{4005}\,(3\,\sigma_x\sigma_y + 8\,\sigma_y\sigma_z + 4\,\sigma_z\sigma_x)$$

$$= 16\,\sigma_x + 8\,\sigma_y + 6\,\sigma_z$$

Die Höhenflächen (5.10), (5.17) und (5.18) als höhenartige orientierte bivektorielle „Innenwände" des Tetraeders lauten dann:

$$\mathbf{H_P} = \tfrac{1}{2}\,\mathbf{h} \wedge \mathbf{e} = \tfrac{1}{2}\ (16\,\sigma_x + 8\,\sigma_y + 6\,\sigma_z) \wedge (-\,7\,\sigma_x - 16\,\sigma_y + 40\,\sigma_z)$$

$$= -\,100\,\sigma_x\sigma_y + 208\,\sigma_y\sigma_z - 341\,\sigma_z\sigma_x \qquad \Rightarrow \qquad \mathbf{H_P}^2 = -\,169\,545$$

$$\mathbf{H_Q} = \tfrac{1}{2}\,\mathbf{h} \wedge \mathbf{f} = \tfrac{1}{2}\ (16\,\sigma_x + 8\,\sigma_y + 6\,\sigma_z) \wedge (-\,1\,\sigma_x + 17\,\sigma_y - 20\,\sigma_z)$$

$$= 140\,\sigma_x\sigma_y - 131\,\sigma_y\sigma_z + 157\,\sigma_z\sigma_x \qquad \Rightarrow \qquad \mathbf{H_Q}^2 = -\,61\,410$$

$$\mathbf{H_R} = \tfrac{1}{2}\,\mathbf{h} \wedge \mathbf{d} = \tfrac{1}{2}\ (16\,\sigma_x + 8\,\sigma_y + 6\,\sigma_z) \wedge (8\,\sigma_x - 1\,\sigma_y - 20\,\sigma_z)$$

$$= -\,40\,\sigma_x\sigma_y - 77\,\sigma_y\sigma_z + 184\,\sigma_z\sigma_x \qquad \Rightarrow \qquad \mathbf{H_R}^2 = -\,41\,385$$

Dann kann in die verallgemeinerten bivektoriellen Höhensätze eingesetzt werden. Wie erwartet entsprechen sich dabei die jeweiligen Ausdrücke

$$\mathbf{H_P}^2 + \mathbf{C} \bullet \mathbf{A} + \mathbf{A} \bullet \mathbf{B} = -\,169\,545 + 69\,753{,}75 + 89\,778{,}75 = -\,10\,012{,}5$$

$$\mathbf{H_Q}^2 + \mathbf{A} \bullet \mathbf{B} + \mathbf{B} \bullet \mathbf{C} = -\,61\,410 + 89\,778{,}75 - 38\,381{,}25 = -\,10\,012{,}5$$

$$\mathbf{H_R}^2 + \mathbf{B} \bullet \mathbf{C} + \mathbf{C} \bullet \mathbf{A} = -\,41\,385 - 38\,381{,}25 + 69\,753{,}75 = -\,10\,012{,}5$$

und

$$\mathbf{P}\,(\mathbf{D} - \mathbf{P}) = \mathbf{Q}\,(\mathbf{D} - \mathbf{Q}) = \mathbf{R}\,(\mathbf{D} - \mathbf{R}) = \frac{1}{3}\,\mathbf{D}\,\frac{2}{3}\,\mathbf{D} = \frac{2}{9}\,\mathbf{D}^2 = \frac{2}{9}\,(-\,45\,056{,}25)$$

$$= 10\,012{,}5 \qquad \Rightarrow \qquad \text{o.k.}$$

Zur Probe hätten die orientierten Teilflächen auch direkt berechnet werden können. Dazu werden lediglich die äußeren Produkte der Differenzvektoren (5.8)

$$\mathbf{p} = \mathbf{a} - \mathbf{h} = -\,3\,\sigma_x + 6\,\sigma_y$$

$$\mathbf{q} = \mathbf{b} - \mathbf{h} = \ \ 5\,\sigma_x + 5\,\sigma_y - 20\,\sigma_z$$

$$\mathbf{r} = \mathbf{c} - \mathbf{h} = -\,2\,\sigma_x - 11\,\sigma_y + 20\,\sigma_z$$

mit Hilfe der Gleichungen (5.9), (5.14) bzw. (9.15) bestimmt:

$$\mathbf{P} = \tfrac{1}{2}\,\mathbf{q} \wedge \mathbf{r} = -\,22{,}5\,\sigma_x\sigma_y - 60\,\sigma_y\sigma_z - 30\,\sigma_z\sigma_x = \frac{1}{3}\,\mathbf{D} \qquad \Rightarrow \qquad \text{o.k.}$$

$$\mathbf{Q} = \tfrac{1}{2}\,\mathbf{r} \wedge \mathbf{p} = -\,22{,}5\,\sigma_x\sigma_y - 60\,\sigma_y\sigma_z - 30\,\sigma_z\sigma_x = \frac{1}{3}\,\mathbf{D} \qquad \Rightarrow \qquad \text{o.k.}$$

$$\mathbf{R} = \frac{1}{2}\,\mathbf{p} \wedge \mathbf{q} = -\,22{,}5\;\sigma_x\sigma_y - 60\;\sigma_y\sigma_z - 30\;\sigma_z\sigma_x = \frac{1}{3}\,\mathbf{D} \quad \Rightarrow \quad \text{o.k.}$$

So, das hätten wir geschafft! Wenn Sie diese Rechnungen selbst erstellt und eigenständig durchgeführt haben und das noch ohne vorher die Musterlösungen durchzusehen, dann haben Sie gezeigt, dass Sie die Geometrische Algebra verstanden haben.

6 Einschub: GAALOP als Taschenrechner-Ersatz

Ja, die Rechnerei zur Lösung der Beispielaufgabe am Ende des vorigen Kapitels ist schon zeitaufwändig. Und ärgerlicherweise gibt es für die Geometrische Algebra noch keine vernünftigen Taschenrechner. Hier hat die Taschenrechner-Industrie mal wieder einen Trend verschlafen.

Die Lösung für dieses Problem gibt es im Internet. Wir verwenden einfach die frei zugängliche Software GAALOP (Geometric Algebra Algorithms Optimizer), die in Darmstadt von Dietmar Hildenbrand [23], [24] und seinem Entwickler-Team [25] programmiert wurde und auch derzeit noch weiterentwickelt wird.

Eigentlich ist diese Software eine Programmierhilfe, denn mit ihr sollen in der Informatik Programmschritte zur Geometrischen Algebra vereinfacht werden. Wir aber verwenden diese Software dreist und frech als Taschenrechner-Ersatz [26] und zeigen als einfaches Beispiel, wie die orientierte Teilfläche **P** der Beispielaufgabe am Ende des vorangegangenen Kapitels mit Hilfe von GAALOP sehr schnell und ohne großen Zeitaufwand ermittelt werden kann.

Das geht dann ohne große Rechnerei, die übernimmt GAALOP. Wir müssen lediglich die mathematische Struktur der Aufgabenstellung verstanden haben und diese in GAALOP eingeben. Dabei kann GAALOP als Programm-Tool kostenlos heruntergeladen und gespeichert werden. Im folgenden verwenden wir jedoch die webbasierte Version von GAALOP. Das klappt noch schneller.

Wie die Umsetzung funktioniert, wird in Abbildung 12 gezeigt. Dort sehen Sie die Bildschirmkopie (also neudeutsch ein Screenshot) des relevanten Teils der GAALOP-Benutzeroberfläche. Dabei wurden als Voreinstellungen „vectors in 3d" im LaTex-Format gewählt.

Wie jedes gute Programm beginnt auch GAALOP mit der Dateneingabe. In unserem Beispielfall sind das die Ortsvektoren der vier Eckpunkte des Tetraeders. Diese sind in den ersten vier Programmzeilen von Abbildung 12 zu sehen, wobei die Basisvektoren σ_x, σ_y, σ_z durch die Abkürzungen e1, e2 und e3 dargestellt werden. Und der Stern bezeichnet eine ganz normale, vollständige, geometrische Multiplikation.

In den Programmzeilen 6 und 7 werden die Seitenvektoren des Tetraeders berechnet. Der Differenzvektor $\mathbf{a} = \mathbf{r}_A - \mathbf{r}_D$ ist beispielsweise durch die Angabe „a = rA - rD;" dargestellt. Und die Syntaxvorgaben erfordern, dass wir jeden Schritt durch einen Strichpunkt abschließen.

Danach folgt die Berechnung der orientierten Seitenfläche $\mathbf{A} = 0{,}5\ \mathbf{b} \wedge \mathbf{c}$ (5.3) und der orientierten Grundfläche $\mathbf{D} = 0{,}5\ \mathbf{d} \wedge \mathbf{e}$ (5.5). Das äußere Produkt wird dabei als hochgestelltes Keilsymbol $\wedge$ geschrieben, während die Division durch 2 mit Hilfe des Schrägstrichs / ausgedrückt wird. Und da alle diese Größen nicht im Ergebnisfeld angezeigt werden sollen, wird vor sie kein Fragezeichen gesetzt.

Choose the geometric algebra: vectors in 3d   ∨

Choose the output type: ○ Code & Visualization   ○ Visualization

   ◉ Code

Code to optimize:

```
1    rA = 34*e1 + 45*e2 + 32*e3;
2    rB = 42*e1 + 44*e2 + 12*e3;
3    rC = 35*e1 + 28*e2 + 52*e3;
4    rD = 21*e1 + 31*e2 + 26*e3;
5
6    a = rA-rD;   b = rB-rD;   c = rC-rD;
7    d = rB-rA;   e = rC-rB;
8    Aflaeche = b^c/2;   Dflaeche = d^e/2;
9    ?P = (Aflaeche.Dflaeche)/Dflaeche;
10
11   ?h = (a^b^c)/(2*Dflaeche);
12   ?Pprobe = (b-h)^(c-h)/2;
13
```

Choose the name of the function: beispielaufgabe

Run

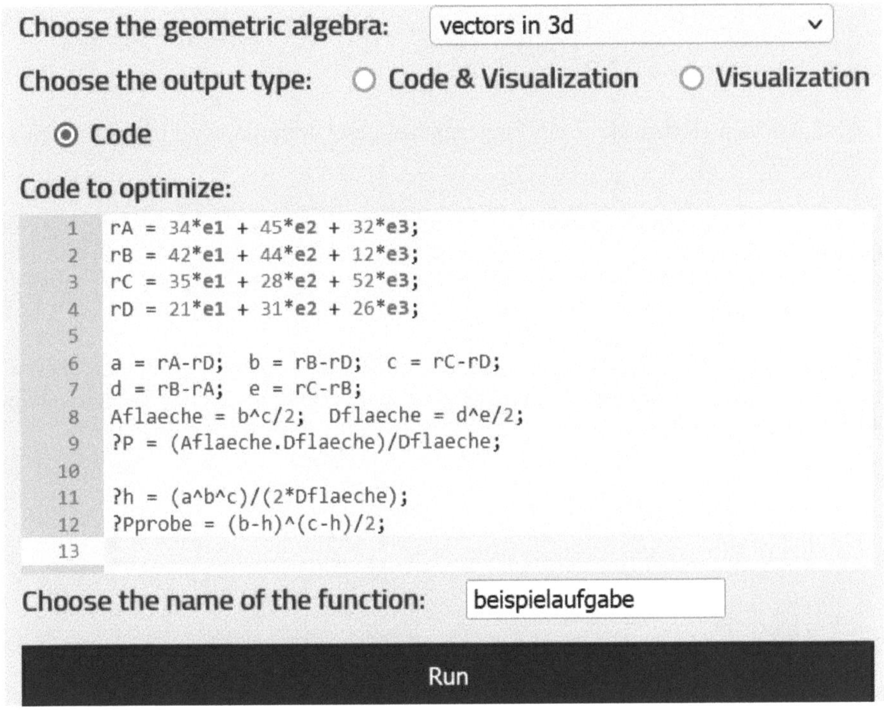

Abb. 12: Screenshot der Daten- und Rechnungseingabe bei GAALOP.

Danach folgt in Zeile 9 der zentrale Rechenschritt zur Berechnung der orientierten Teilfläche **P** auf Grundlage des vierten Umformungsschritts von Gleichung (5.23).

$$\mathbf{P}\,\mathbf{D} = \mathbf{A} \bullet (\mathbf{A} + \mathbf{B} + \mathbf{C}) = \mathbf{A} \bullet \mathbf{D} \tag{6.1}$$

$$\Rightarrow \qquad \mathbf{P} = (\mathbf{A} \bullet \mathbf{D})\,\mathbf{D}^{-1} \tag{6.2}$$

In GAALOP bezeichnet also ein ganz einfacher unten gesetzter Punkt **.** das innere Produkt. Und GAALOP kann durch Bivektoren teilen! Die Multiplikation mit dem inversen Bivektor $\mathbf{D}^{-1}$ am Ende von Gleichung (6.2) wird hier durch die einfache GAALOP-Schreibweise /Dflaeche ausgeführt.

In der Probe ermitteln wir die orientierte Teilfläche **P** mit Hilfe des zweiten Rechenwegs (siehe voriges Kapitel), der in Zeile 11 mit der Berechnung des Höhenvektors **h** auf Grundlage von Gleichung (5.29) beginnt.

$$2\,\mathbf{D}\,\mathbf{h} = 2\,\mathbf{h}\,\mathbf{D} = \mathbf{a} \wedge \mathbf{b} \wedge \mathbf{c} \qquad (6.3)$$

$$\Rightarrow \qquad \mathbf{h} = (\mathbf{a} \wedge \mathbf{b} \wedge \mathbf{c})\,(2\,\mathbf{D}^{-1}) \qquad (6.4)$$

Und da vor den Höhenvektor ein Fragezeichen gesetzt wurde, wird er im Ergebnisfeld mit angezeigt.

In Zeile 12 erfolgt dann die alternative Berechnung von **P** in Übereinstimmung mit Gleichung (5.9):

$$\mathbf{P} = \frac{1}{2}\,(\mathbf{h} - \mathbf{c}) \wedge (\mathbf{h} - \mathbf{b}) = \frac{1}{2}\,(\mathbf{c} - \mathbf{h}) \wedge (\mathbf{b} - \mathbf{h}) \qquad (6.5)$$

Danach wird durch Aktivierung des Buttons „Run“ das Ergebnis der beiden alternativen Berechnungen der orientierten Teilfläche **P** ermittelt. Dieses Ergebnis zeigt Abbildung 13.

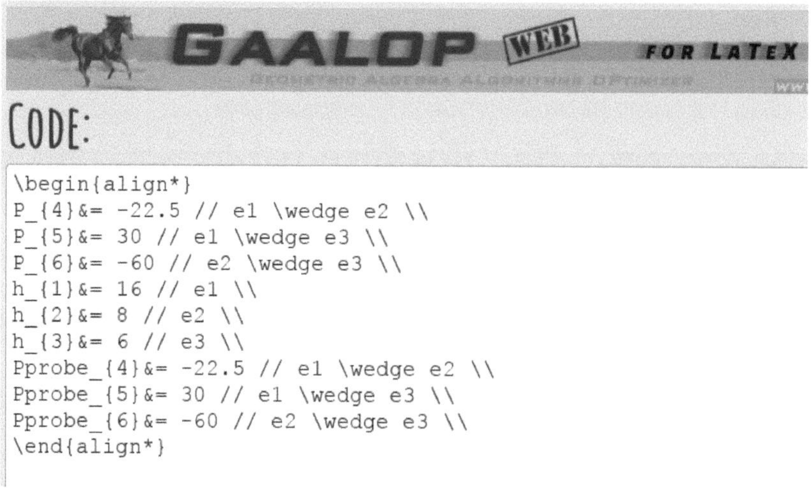

Abb. 13: Screenshot des Ergebnisfeldes von GAALOP.

In der Mitte von Abbildung 13 erkennen Sie die drei vektoriellen Komponenten

h_{1}&= 16 (also 16 σ_x)
h_{2}&= 8 (also 8 σ_y)
h_{3}&= 6 (also 6 σ_z) des Höhenvektors $\mathbf{h} = 16\,\sigma_x + 8\,\sigma_y + 6\,\sigma_z$.

Dieses Ergebnis stimmt mit dem Resultat am Ende des vorigen Kapitels überein.

Die bivektoriellen Komponenten werden von GAALOP fortlaufend nummeriert angegeben. Somit entsprechen die ersten drei Ergebniseinträge den bivektoriellen Komponenten

P_{4}&= –22.5 (also $-$ 22,5 $\sigma_x\sigma_y$)
P_{5}&= 30 (also 30 $\sigma_x\sigma_z = -\,30\,\sigma_z\sigma_x$)
P_{6}&= –60 (also $-$ 605 $\sigma_y\sigma_z$)

Wir erhalten also mit $\mathbf{P} = -\,22{,}5\,\sigma_x\sigma_y - 60\,\sigma_y\sigma_z - 30\,\sigma_z\sigma_x$ in der Tat das aus dem vorangegangenen Kapitel bereits bekannte Ergebnis für die orientierte Teilfläche **P**.

Auch die Resultate der drei bivektoriellen Komponenten von Pprobe stimmen mit **P** überein. Es hat also alles perfekt geklappt. Zur korrekten Interpretation werden von GAALOP netterweise sogar die in Schrägstriche gesetzten Bedeutungen der einzelnen Komponenten mit aufgeführt, beispielsweise in der neunten Zeile

// e1 \wedge e3 \\ für $\sigma_x \wedge \sigma_z = \sigma_x\sigma_z = -\,\sigma_z\sigma_x$

GAALOP folgt bei der Benennung der Basisvektor-Produkten also nicht einer zyklischen Vertauschung $\sigma_x\sigma_y \rightarrow \sigma_y\sigma_z \rightarrow \sigma_z\sigma_x$, sondern geht streng alphabetisch geordnet (σ_x immer vor σ_z) vor. Deshalb besitzt diese bivektorielle Komponente in Abbildung 13 auch ein umgedrehtes Vorzeichen.

Und haben Sie den mathematikphilosophischen Paukenschlag auf der vorigen Seite bemerkt?

Es geht um unseren Kinderreim: „Wer die Symmetrie nicht ehrt, ist der Mathematik nicht wert!“ Symmetriebetrachtungen stellen einen wesentlichen Anteil unserer mathematischen Erklärungsmuster dar. Und auch unsere physikalische Welt versuchen wir uns dadurch zu erklären, dass wir physikalische Phänomene in einzelne, symmetrisch zusammenhänge Unterstrukturen aufspalten.

Das Problem dabei ist: Wenn wir hier zu dogmatisch vorgehen und alles ganz streng in entweder „symmetrisch“ oder aber in „anti-symmetrisch“ aufteilen, kann das gelegentlich dazu führen, dass wir uns unsere Welt vermurkst und verdreht und viel zu kompliziert erklären.

Sehr viel bodenständiger und geometrisch nachvollziehbarer geht Grassmann vor. Mit seinem inneren (1.14) und äußeren Produkt (1.15) teilt er die Welt eben gerade nicht in „symmetrisch“ und „anti-symmetrisch“ auf.

Grassmann unterteilt die Welt stattdessen in „dimensionserhöhend“ und „dimensionsreduzierend“.

Das innere Produkt eines Vektors **a** mit einen zweiten Vektor **b** ist dimensionsreduzierend. Aus zwei eindimensionalen Größen **a** und **b** wird ein dimensionsloser Skalar:

$$\mathbf{a} \bullet \mathbf{b} = \mathbf{b} \bullet \mathbf{a} = \text{Skalar} \qquad \mathbf{a} \wedge \mathbf{b} = -\,\mathbf{b} \wedge \mathbf{a} = \text{Bivektor} \qquad (1.14)\ \&\ (1.15)$$

Das äußere Produkt eines Vektors **a** mit einen zweiten Vektor **b** ist dimensionserhöhend. Aus zwei eindimensionalen Größen **a** und **b** wird ein zweidimensionaler Bivektor.

Natürlich ist das innere Produkt hier symmetrisch und das äußere Produkt ist antisymmetrisch. Das ist aber nicht immer so! Denn Grassmann hat auch Bivektoren mit Vektoren multipliziert. Und dabei stellte er fest: Es ist dann genau umgekehrt.

Natürlich ist das innere Produkt eines Bivektors **A** mit einem Vektor **b** dimensionsreduzierend, denn aus dem zweidimensionalen Bivektor wird dabei ein eindimensionaler Vektor. Doch dieses innere, dimensionsreduzierende Produkt ist nun nicht mehr symmetrisch, sondern anti-symmetrisch.

$$\mathbf{A} \bullet \mathbf{b} = -\,\mathbf{b} \bullet \mathbf{A} = \text{Vektor} \qquad \mathbf{A} \wedge \mathbf{b} = \mathbf{b} \wedge \mathbf{A} = \text{Trivektor} \qquad (6.6)$$

Und das äußere Produkt eines Bivektors **A** mit einem Vektor **b** ist dimensionserhöhend, denn aus dem zweidimensionalen Bivektor wird dabei ein dreidimensionaler Trivektor, also ein orientiertes Volumenelement. Und dieses äußere, dimensionserhöhende Produkt ist nun nicht mehr anti-symmetrisch, sondern symmetrisch.

Das ist der mathematikphilosophische Paukenschlag. Es kommt hier gar nicht auf die Symmetrie an, sondern auf die Dimensionsänderung.

Und genau dies haben wir – ohne es zu erwähnen – in Gleichung (6.3) mit der Umformung

$$2\,\mathbf{D}\,\mathbf{h} = 2\,\mathbf{h}\,\mathbf{D} = \mathbf{a} \wedge \mathbf{b} \wedge \mathbf{c} = \text{Trivektor} = \text{orientiertes Volumen} \qquad (6.3)$$

ausgenutzt. Der Höhenvektor **h** steht ja senkrecht auf der orientierten Grundfläche **D**, so dass das innere Produkt verschwindet. Hier handelt es sich also um ein reines äußeres Produkt und wir hätten ausführlich auch 2 **D h** = 2 **D** ∧ **h** = 2 **h** ∧ **D** = 2 **h D** schreiben können.

Und genau deshalb ergibt die Programmzeile 11 (siehe Abbildung 12)

?h = (a^b^c)/(2*Dflaeche);

auch auf ein korrektes Ergebnis. Wir hätten aber auch eine Prä-Division durch den Bivektor **D** von links eingeben können und würden mit der Programmzeile

?h = (1/Dflaeche)*(a^b^c)/2;

das gleiche, natürlich ebenfalls wieder korrekte Ergebnis erhalten.

Und dieses Symmetrieverhalten überprüfen wir anhand der Beispielsaufgabe des letzten Kapitels von Hand noch einmal ganz schnell mit Hilfe des inneren Produkts **p D** = **p** • **D** und des äußeren Produkt **h D** = **h** ∧ **D**.

$$\mathbf{p\,D} = (-\,3\;\sigma_x + 6\;\sigma_y)\;(-\,67{,}5\;\sigma_x\sigma_y - 180\;\sigma_y\sigma_z - 90\;\sigma_z\sigma_x)$$
$$= 202{,}5\;\sigma_y + 540\;\sigma_x\sigma_y\sigma_z - 270\;\sigma_z + 405\;\sigma_x - 1080\;\sigma_z - 540\;\sigma_x\sigma_y\sigma_z$$
$$= 405\;\sigma_x + 202{,}5\;\sigma_y - 1350\;\sigma_z$$

$$\mathbf{D\,p} = (-\,67{,}5\;\sigma_x\sigma_y - 180\;\sigma_y\sigma_z - 90\;\sigma_z\sigma_x)\;(-\,3\;\sigma_x + 6\;\sigma_y)$$
$$= -\,202{,}5\;\sigma_y - 405\;\sigma_x + 540\;\sigma_x\sigma_y\sigma_z + 1080\;\sigma_z + 270\;\sigma_z - 540\;\sigma_x\sigma_y\sigma_z$$
$$= -\,405\;\sigma_x - 202{,}5\;\sigma_y + 1350\;\sigma_z = -\,\mathbf{p\,D} \qquad \Rightarrow \qquad \text{anti-kommutativ}$$

Und jetzt zum Vergleich:

$$\mathbf{h\,D} = (16\;\sigma_x + 8\;\sigma_y + 6\;\sigma_z)\;(-\,67{,}5\;\sigma_x\sigma_y - 180\;\sigma_y\sigma_z - 90\;\sigma_z\sigma_x)$$
$$= -\,1080\;\sigma_y - 2880\;\sigma_x\sigma_y\sigma_z + 1440\;\sigma_z + 540\;\sigma_x - 1440\;\sigma_z - 720\;\sigma_x\sigma_y\sigma_z$$
$$-\,405\;\sigma_x\sigma_y\sigma_z + 1080\;\sigma_y - 540\;\sigma_x$$
$$= -\,4005\;\sigma_x\sigma_y\sigma_z$$

$$\mathbf{D\,h} = (-\,67{,}5\;\sigma_x\sigma_y - 180\;\sigma_y\sigma_z - 90\;\sigma_z\sigma_x)\;(16\;\sigma_x + 8\;\sigma_y + 6\;\sigma_z)$$
$$= 1080\;\sigma_y - 540\;\sigma_x - 405\;\sigma_x\sigma_y\sigma_z - 2880\;\sigma_x\sigma_y\sigma_z + 1440\;\sigma_z - 1080\;\sigma_y$$
$$-\,1440\;\sigma_z - 720\;\sigma_x\sigma_y\sigma_z + 540\;\sigma_x$$
$$= -\,4005\;\sigma_x\sigma_y\sigma_z = \mathbf{h\,D} \qquad \Rightarrow \qquad \text{kommutativ}$$

7 Das Rechnen mit Trivektoren

Unsere Welt ist langweilig! Unsere Welt ist dreidimensional. Sie hat nur drei Raumrichtungen. Und mathematisch ist das ziemlich öde. Alle orientierten Volumina haben dann eine einzige, immer identische räumliche Ausrichtung, denn es gibt dann nur den einen einzigen Basis-Trivektor $\sigma_x\sigma_y\sigma_z$.

Dieser Basis-Bivektor stellt ein orientiertes Einheitsvolumen dar, und wir können es uns als einen Würfel mit einer Kantenlänge von einer Längeneinheit (LE) vorstellen, bei dem wir zuerst in x-Richtung, dann in y-Richtung und dann in die z-Richtung gehen, wenn wir den Kantenvektoren des Würfels folgen. Natürlich könnten wir die Reihenfolge auch ändern, indem wir zuerst in y-Richtung, dann in x-Richtung laufen, etc.

$$\sigma_x\sigma_y\sigma_z = -\sigma_y\sigma_x\sigma_z = \sigma_y\sigma_z\sigma_x = -\sigma_z\sigma_y\sigma_x = \sigma_z\sigma_x\sigma_y = -\sigma_x\sigma_z\sigma_y \qquad (7.1)$$

Aufgrund der Anti-Kommutativität der orthogonal stehenden Basisvektoren erhalten wir jedes Mal, wenn wir zwei benachbarte Basisvektoren vertauschen, ein zusätzliches Minuszeichen. Interessanter wird es nicht, in unsere dreidimensionale Welt passen nur orientierte Volumina, die Vielfache des Basis-Trivektors $\sigma_x\sigma_y\sigma_z$ sind.

Doch echte Mathematikerinnen und Mathematiker sind Phantasten. Schon Grassmann phantasierte weitere Dimensionen herbei.

Wenn wir uns eine neue Dimension in w-Richtung herbeidenken, können die neuen Basis-Trivektoren auch leicht graphisch dargestellt werden. Wir müssen einfach nur an jedem Eckpunkt des Einheitswürfels (siehe Abbildung 14 links) einen Einheitsvektor σ_w einzeichnen, der zu allen drei ursprünglichen Basisvektoren σ_x, σ_y und σ_z senkrecht steht (siehe Abbildung 14 rechts).

Das so entstehende neue geometrische Objekt ist dann ein vierdimensionaler orientierter Einheits-Hyperwürfel, der Einheits-Quadvektor $\sigma_w\sigma_x\sigma_y\sigma_z = -\sigma_x\sigma_y\sigma_z\sigma_w$. Da ein dreidimensionaler Würfel acht Eckpunkte besitzt, muss ein vierdimensionaler Hyperwürfel doppelt so viele, also $8 \cdot 2 = 16$ Eckpunkte aufweisen.

Und schauen Sie genau hin! Aus den 12 Kantenvektoren eines Würfels (vier in x-Richtung, vier in y-Richtung und vier in z-Richtung) werden nun 32 Kantenvektoren des Hyperwürfels, wobei $4 \cdot 2 = 8$ davon in x-Richtung, ebenfalls 8 in y-Richtung, 8 in z-Richtung und weitere 8 in die neue w-Richtung zeigen.

Und aus den sechs quadratischen Seitenflächen eines Würfels werden $6 \cdot 4 = 24$ quadratische Seitenflächen beim Hyperwürfel.

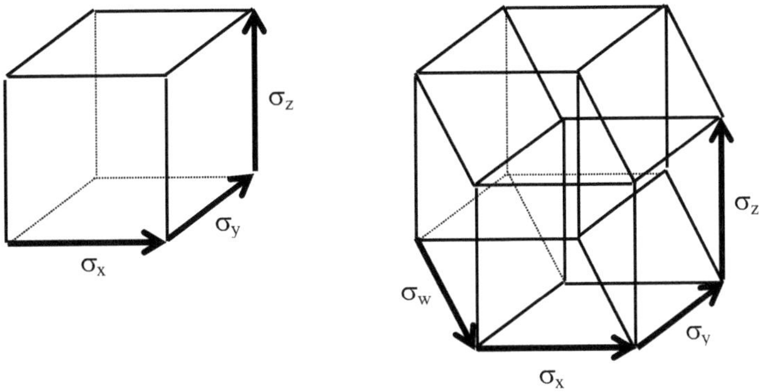

Abb. 14: Dreidimensionaler orientierter Einheitswürfel (Einheits-Trivektor $\sigma_x\sigma_y\sigma_z$) und vierdimensionaler orientierter Einheits-Hyperwürfel (Einheits-Quadvektor $\sigma_w\sigma_x\sigma_y\sigma_z$).

Wir interessieren uns aber hauptsächlich für die Trivektoren als orientierte dreidimensionale Einheitswürfel. Beim Würfel von Abbildung 14 (links) gibt es nur einen einzigen Würfel. Doch wie viele Würfel können in der rechten Teilabbildung 14 des Hyperwürfels identifiziert werden?

Es sind acht Stück, wobei jeweils zwei identisch sind.

Damit existieren im vierdimensionalen Raum $^8/_2 = 4$ verschiedene orientierte Einheits-Würfel, die senkrecht zueinander stehen. Dieses sind die vier verschiedenen Basis-Trivektoren

Basis-Trivektor der wxy-Hyperebene = $\sigma_w\sigma_x\sigma_y$
Basis-Trivektor der xyz-Hyperebene = $\sigma_x\sigma_y\sigma_z$
Basis-Trivektor der yzw-Hyperebene = $\sigma_y\sigma_z\sigma_w$
Basis-Trivektor der zwx-Hyperebene = $\sigma_z\sigma_w\sigma_x$

} im vierdimensionalen Raum

Diese Basis-Trivektoren werden in Abbildung 15 gezeigt. Und zur Sprechweise: Mathematikerinnen und Mathematiker unterscheiden gekrümmte und ebene Räume. Ein ebener dreidimensionaler Raum ist für sie deshalb eine Ebene, und zwar keine zweidimensionale ebene Fläche wie dieses Blatt Papier, auf das Sie gerade schauen, sondern eine dreidimensionale Hyperebene. Hyperebene ist also nur ein anderes Wort für ungekrümmter, flacher dreidimensionaler Raum.

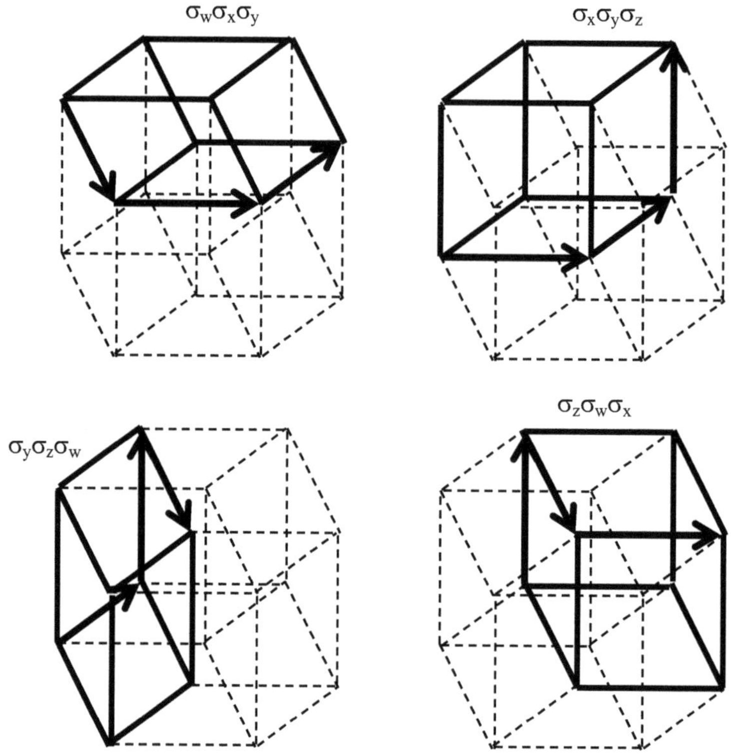

Abb. 15: Basis-Trivektoren eines vierdimensionalen Einheits-Hyperwürfels.

Aus diesen vier Basis-Trivektoren setzten sich Trivektoren beliebiger Größe und Orientierung im vierdimensionalen Raum zusammen. Da es sich um ein orientiertes dreidimensionales Volumen **V** handelt, wird es wieder fett gedruckt:

$$\mathbf{V} = V_{wxy}\,\sigma_w\sigma_x\sigma_y + V_{xyz}\,\sigma_x\sigma_y\sigma_z + V_{yzw}\,\sigma_y\sigma_z\sigma_w + V_{zwx}\,\sigma_z\sigma_w\sigma_x \qquad (7.2)$$

Und wo ist nun das vierdimensionale Hypervolumen des Hyperwürfels zu finden? Die Antwort ist so einfach wie verblüffend: Es wird von den acht Außenwürfeln umschlossen, die in Abbildung 15 gezeigt werden. Und das ist ja ganz genau so wie beim Würfel, dessen dreidimensionales Volumen von den sechs zweidimensionalen quadratischen Außenflächen vollkommen eingeschlossen wird.

Das vierdimensionale Hypervolumen liegt also innen drin zwischen den dreidimensionalen Würfeln. Und dort innen drin ist eine Menge Platz, nämlich vierdimensionaler Hyper-Platz! Es passen dort unendlich viele verschiedene dreidimensionale

Würfel hinein. Und das ist ja ganz genau so wie beim Würfel, in den man unendlich viele (unendlich dünne) zweidimensionale Quadrat-Flächen hineinpacken kann.

Schauen Sie sich die Zeichnungen der Abbildungen 14 und 15 bitte sehr genau, sehr lange und sehr intensiv an. Sie bekommen dann eine Vorstellung davon, wie diese vierdimensionale Struktur ausgestaltet ist. Das war ja auch das Problem, das Sarah hatte, als sie im vierdimensionalen Labyrinth von David Bowie nach Toby suchte [27]. Sie sah Toby, konnte ihn aber nicht erreichen, da sie sich die vierdimensionale Struktur und deren Beziehung zum Dreidimensionalen nicht richtig vorstellen konnte. (Und wo ist die Luft hin, die Sarah zum Atmen braucht? Gäbe es irgendwo einen Übergang in eine vierdimensionale Welt, würden die dreidimensionalen Gasmoleküle unserer Atemluft in Nullkommanichts in diese vierdimensionale Welt hinein diffundieren und sich dabei dramatisch verdünnen.)

Jetzt multiplizieren wir wieder, und zwar zuerst einen beliebigen Trivektor **V** (7.2) mit einem Vektor **r** in einem vierdimensionalen Raum:

$$\mathbf{V\,r} = \mathbf{V} \bullet \mathbf{r} + \mathbf{V} \wedge \mathbf{r} \qquad (7.3)$$

Das innere Produkt ist wieder dimensionsreduzierend und transformiert den Trivektor **V** in den Bivektor **V • r**. Dieses innere Produkt ist erneut kommutativ:

$$\mathbf{V} \bullet \mathbf{r} = \tfrac{1}{2}(\mathbf{V\,r} + \mathbf{r\,V}) = \tfrac{1}{2}(\mathbf{r\,V} + \mathbf{V\,r}) = \mathbf{r} \bullet \mathbf{V} = \text{Bivektor} \qquad (7.4)$$

Das äußere Produkt ist dagegen wieder anti-kommutativ und transformiert den Trivektor in einen Quadvektor (Vierfach-Vektor oder kurz: 4-Vektor). Die Dimension des ursprünglich dreidimensionalen Trivektors wird dabei um eins erhöht, da der Quadvektor als ein orientiertes vierdimensionales Hyper-Raumelement nun vier Dimensionen aufweist.

$$\mathbf{V} \wedge \mathbf{r} = \tfrac{1}{2}(\mathbf{V\,r} - \mathbf{r\,V}) = -\tfrac{1}{2}(\mathbf{r\,V} - \mathbf{V\,r}) = -\,\mathbf{r} \wedge \mathbf{V} = \text{Quadvektor} \qquad (7.5)$$

Ein Beispiel:
Wir multiplizieren den Trivektor $\mathbf{T} = 8\,\sigma_w\sigma_x\sigma_y$ mit dem Vektor $\mathbf{b} = 2\,\sigma_w + 3\,\sigma_z$.

$$\mathbf{T\,b} = (8\,\sigma_w\sigma_x\sigma_y)\,(2\,\sigma_w + 3\,\sigma_z) = 16\,\sigma_x\sigma_y + 24\,\sigma_w\sigma_x\sigma_y\sigma_x$$

$$\Rightarrow \qquad \mathbf{T} \bullet \mathbf{b} = 16\,\sigma_x\sigma_y \qquad \text{und} \qquad \mathbf{T} \wedge \mathbf{b} = 24\,\sigma_w\sigma_x\sigma_y\sigma_x$$

Es entsteht das orientiertes zweidimensionales Flächenstück **T • b** und das orientierte vierdimensionales Hyper-Volumenelement **T ∧ b**.

Und wir multiplizieren weiter, und zwar jetzt einen beliebigen Trivektor **V** (7.2) mit einem beliebigen Bivektor **C** (4.9):

$$\mathbf{V\,C} = \mathbf{V} \bullet \mathbf{C} + \mathbf{V} \times \mathbf{C} + \mathbf{V} \wedge \mathbf{C} \quad \text{im fünfdimensionalen Raum}$$
$$\mathbf{V\,C} = \mathbf{V} \bullet \mathbf{C} + \mathbf{V} \times \mathbf{C} \quad \text{im vierdimensionalen Raum} \qquad (7.6)$$

Das innere Produkt ist wieder dimensionsreduzierend und transformiert den Trivektor **V** in den Vektor **V • C**. Dieses innere Produkt ist auch wieder kommutativ:

$$\mathbf{V} \bullet \mathbf{C} = \tfrac{1}{2}(\mathbf{V\,C} + \mathbf{C\,V}) = \tfrac{1}{2}(\mathbf{C\,V} + \mathbf{V\,C}) = \mathbf{C} \bullet \mathbf{V} = \text{Vektor} \qquad (7.7)$$

Das Zwischenprodukt ist dagegen anti-kommutativ und transformiert den Trivektor **V** ohne Dimensionsänderung in den Trivektor **V x C**:

$$\mathbf{V} \times \mathbf{C} = \tfrac{1}{2}(\mathbf{V\,C} - \mathbf{C\,V}) = -\tfrac{1}{2}(\mathbf{C\,V} - \mathbf{V\,C}) = -\,\mathbf{C} \times \mathbf{V} = \text{Trivektor} \qquad (7.8)$$

Nur die drei Dimensionsrichtungen wechseln dabei. Und da wir hier einstweilen lediglich vierdimensionale Räume betrachten, kann es keine Dimensionserhöhung geben, so dass das äußere Produkt

$$\mathbf{V} \wedge \mathbf{C} = 0 = \text{nicht existierender fünfdimensionaler Pentavektor} \qquad (7.9)$$

automatisch immer Null sein wird.

Ein weiteres Beispiel: Wir multiplizieren den Trivektor $\mathbf{T} = 8\ \sigma_w\sigma_x\sigma_y$ mit dem Bivektor $\mathbf{C} = 2\ \sigma_x\sigma_y + 3\ \sigma_y\sigma_z$.

$$\mathbf{T\,C} = (8\ \sigma_w\sigma_x\sigma_y)\ (2\ \sigma_x\sigma_y + 3\ \sigma_y\sigma_z) = -\,16\ \sigma_w + 24\ \sigma_z\sigma_w\sigma_x$$

$$\Rightarrow \qquad \mathbf{T} \bullet \mathbf{C} = -\,16\ \sigma_w \qquad \text{und} \qquad \mathbf{T} \times \mathbf{C} = 24\ \sigma_z\sigma_w\sigma_x$$

Es entsteht also der eindimensionale Vektor **T • C** und das orientierte dreidimensionale Volumenelement **T x C**.

Zur Formulierung einer höherdimensionalen Verallgemeinerung der Satzgruppen von Pythagoras und de Gua de Malves werden die Multiplikation von Trivektoren miteinander benötigt. Das Produkt zweier Trivektoren **V** und **W** ist dann:

$$\mathbf{V\,W} = \mathbf{V} \bullet \mathbf{W} + \mathbf{V}\ \underline{\times}\ \mathbf{W} + \mathbf{V}\ \overline{\times}\ \mathbf{W} + \mathbf{V} \wedge \mathbf{W} \quad \text{im sechsdimensionalen Raum}$$
$$\mathbf{V\,W} = \mathbf{V} \bullet \mathbf{W} + \mathbf{V}\ \underline{\times}\ \mathbf{W} + \mathbf{V}\ \overline{\times}\ \mathbf{W} \quad \text{im fünfdimensionalen Raum} \qquad (7.10)$$
$$\mathbf{V\,W} = \mathbf{V} \bullet \mathbf{W} + \mathbf{V}\ \underline{\times}\ \mathbf{W} \quad \text{im vierdimensionalen Raum}$$

Jetzt gibt es zwei Zwischenprodukte, nämlich ein unteres Zwischenprodukt $\underline{\times}$ und ein oberes Zwischenprodukt $\overline{\times}$, sollte die Raumdimension groß genug sein.

Doch zuerst zum inneren Produkt, bei dem sich wieder ein Skalar bildet und das deshalb immer kommutativ sein muss:

$$\mathbf{V} \bullet \mathbf{W} = \tfrac{1}{2}\,(\mathbf{V\,W} + \mathbf{W\,V}) = \tfrac{1}{2}\,(\mathbf{W\,V} + \mathbf{V\,W}) = \mathbf{W} \bullet \mathbf{V} = \text{Skalar} \qquad (7.11)$$

Das untere Zwischenprodukt ist dagegen anti-kommutativ und transformiert den Trivektor **V** in den Bivektor $\mathbf{V} \underline{\times} \mathbf{W}$:

$$\mathbf{V} \underline{\times} \mathbf{W} = \tfrac{1}{2}\,(\mathbf{V\,W} - \mathbf{W\,V}) = -\tfrac{1}{2}\,(\mathbf{W\,V} - \mathbf{V\,W}) = -\,\mathbf{W} \times \mathbf{V} = \text{Bivektor} \qquad (7.12)$$

Und in lediglich vierdimensionalen Räumen kann es kein oberes Zwischenprodukt, geben bei dem ein in eine fünfte Richtung weisender Quadvektor (4-Vektor) entstehen müsste. Ein äußeres Produkt, bei dem sich ein Hexavektor (6-Vektor) bilden würde, existiert dann auch nicht.

$$\begin{aligned} \mathbf{V} \overline{\times} \mathbf{W} &= 0 = \text{nicht existierender vierdimensionaler Quadvektor} \\ \mathbf{V} \wedge \mathbf{W} &= 0 = \text{nicht existierender sechsdimensionaler Hexavektor} \end{aligned} \qquad (7.13)$$

Hallo, dieser Name „Hexavektor“ ist logisch: Ein dreidimensionaler Würfel ist ja auch ein „Hexaeder“, weil er ein Sechsflächner ist.

Neues Beispiel: Wir multiplizieren den Trivektor $\mathbf{T} = 8\ \sigma_w\sigma_x\sigma_y$ mit dem Trivektor $\mathbf{S} = 2\ \sigma_w\sigma_x\sigma_y + 3\ \sigma_w\sigma_x\sigma_z$.

$$\mathbf{T\,S} = (8\ \sigma_w\sigma_x\sigma_y)\,(2\ \sigma_w\sigma_x\sigma_y + 3\ \sigma_w\sigma_x\sigma_z) = -\,16 - 24\ \sigma_y\sigma_z$$

$$\Rightarrow \qquad \mathbf{T} \bullet \mathbf{S} = -\,16 \qquad \text{und} \qquad \mathbf{T} \underline{\times} \mathbf{S} = -\,24\ \sigma_y\sigma_z$$

Die ganzen negativen Minuszeichen entstehen, weil (Überraschung!) die Basis-Trivektoren wieder imaginäre Größen sind. Ihre Quadrate sind negativ:

$$(\sigma_w\sigma_x\sigma_y)^2 = (\sigma_x\sigma_y\sigma_z)^2 = (\sigma_y\sigma_z\sigma_w)^2 = (\sigma_z\sigma_w\sigma_x)^2 = -\,1 \qquad (7.14)$$

Deshalb kann das Volumen eines beliebigen dreidimensionalen Parallelepipeds **V** (7.2) im vierdimensionalen Raum aufgrund von

$$\mathbf{V}^2 = -\,({V_{wxy}}^2 + {V_{xyz}}^2 + {V_{yzw}}^2 + {V_{zwx}}^2) = -\,V^2 \qquad (7.15)$$

wieder auf drei überraschend verschiedene Arten berechnet werden:

$$V = |\,\mathbf{V}\,| = |\,\mathbf{a} \wedge \mathbf{b} \wedge \mathbf{c}\,| = \sqrt{-\mathbf{V}^2} = \sqrt{\mathbf{V\,V}^{\sim}} = \sqrt[4]{\mathbf{V}^4} \qquad (7.16)$$

Und auch hier simuliert die Reihenfolgenumkehr der Basisvektoren bzw. Reversion

$$\mathbf{V}^{\sim} = V_{wxy}\ \sigma_y\sigma_x\sigma_w + V_{xyz}\ \sigma_z\sigma_y\sigma_x + V_{yzw}\ \sigma_w\sigma_z\sigma_y + V_{zwx}\ \sigma_x\sigma_w\sigma_z \qquad (7.17)$$

wieder eine sogenannte komplexe Konjugation, die die zugrunde liegenden Symmetrieeigenschaften welt- und geometriefremd verschleiert.

Und diese Symmetrie wird im vierdimensionalen Raum unter anderem auch durch die Anti-Kommutativität der Basis-Trivektoren ausgedrückt:

$$\begin{aligned}
(\sigma_w\sigma_x\sigma_y)(\sigma_x\sigma_y\sigma_z) &= -(\sigma_x\sigma_y\sigma_z)(\sigma_w\sigma_x\sigma_y) = \sigma_z\sigma_w \\
(\sigma_x\sigma_y\sigma_z)(\sigma_y\sigma_z\sigma_w) &= -(\sigma_y\sigma_z\sigma_w)(\sigma_x\sigma_y\sigma_z) = \sigma_w\sigma_x \\
(\sigma_y\sigma_z\sigma_w)(\sigma_z\sigma_w\sigma_x) &= -(\sigma_z\sigma_w\sigma_x)(\sigma_y\sigma_z\sigma_w) = \sigma_x\sigma_y \\
(\sigma_z\sigma_w\sigma_x)(\sigma_w\sigma_x\sigma_y) &= -(\sigma_w\sigma_x\sigma_y)(\sigma_z\sigma_w\sigma_x) = \sigma_y\sigma_z \\
(\sigma_w\sigma_x\sigma_y)(\sigma_y\sigma_z\sigma_w) &= -(\sigma_y\sigma_z\sigma_w)(\sigma_w\sigma_x\sigma_y) = -\sigma_z\sigma_x \\
(\sigma_x\sigma_y\sigma_z)(\sigma_z\sigma_w\sigma_x) &= -(\sigma_z\sigma_w\sigma_x)(\sigma_x\sigma_y\sigma_z) = -\sigma_w\sigma_y
\end{aligned} \qquad (7.18)$$

Das klappt aber nur im vierdimensionalen Raum so schön. Im fünfdimensionalen Raum gibt es einen weiteren, fünften Basisvektor σ_v. Und dieser zusätzliche Basisvektor bringt dann manches möglicherweise durcheinander. Beispielsweise sind die beiden Basis-Trivektoren

$$(\sigma_v\sigma_w\sigma_x)(\sigma_x\sigma_y\sigma_z) = (\sigma_x\sigma_y\sigma_z)(\sigma_v\sigma_w\sigma_x) = \sigma_v\sigma_w\sigma_y\sigma_x \qquad (7.19)$$

auf einmal kommutativ, was man gerne einmal übersehen kann, wenn wie wild komplex drauflos konjugiert wird.

Auf jeden Fall klappt die Division durch einen Trivektor **V** in vierdimensionalen Räumen mit Hilfe des inversen Trivektors $\mathbf{V}^{-1}$

$$\mathbf{V}^{-1} = \frac{\mathbf{V}^3}{\mathbf{V}^4} = \frac{\mathbf{V}}{\mathbf{V}^2} = \frac{1}{-V^2}\mathbf{V} \qquad (7.20)$$

wieder ohne Probleme.

Der tiefere Grund für das mathematisch freundliche und vor allem übersichtliche Verhalten vierdimensionaler Räume wurde in die Gleichung (7.16) hineingemogelt: Im vierdimensionalen Raum ist es immer möglich, einen Trivektor als äußeres Produkt dreier Vektoren

$$\mathbf{V} = \mathbf{a} \wedge \mathbf{b} \wedge \mathbf{c} \qquad (7.21)$$

zu schreiben, konkret beispielsweise durch:

$$\mathbf{V} = \frac{1}{V_3V_4}(V_3\,\sigma_w + V_2\,\sigma_x) \wedge (V_4\,\sigma_x + V_3\,\sigma_y) \wedge (V_1\,\sigma_y + V_4\,\sigma_z)$$

$$= V_1\,(1\,\sigma_w + \frac{V_2}{V_3}\sigma_x) \wedge (1\,\sigma_x + \frac{V_3}{V_4}\sigma_y) \wedge (1\,\sigma_y + \frac{V_4}{V_1}\sigma_z) \qquad (7.22)$$

$$= V_1\,\sigma_w\sigma_x\sigma_y + V_2\,\sigma_x\sigma_y\sigma_z + V_3\,\sigma_y\sigma_z\sigma_w + V_4\,\sigma_z\sigma_w\sigma_x$$

Es gibt nun wieder einige wichtige Spezialfälle:

1. Spezialfall: Das innere Produkt zweier Trivektoren **A** und **B** ist im vierdimensionalen Raum Null. Daraus folgt, dass beide Trivektoren anti-kommutativ vertauschen. Und das ist nur möglich, wenn die beiden Trivektoren als orientierte Volumenelemente senkrecht aufeinander stehen.

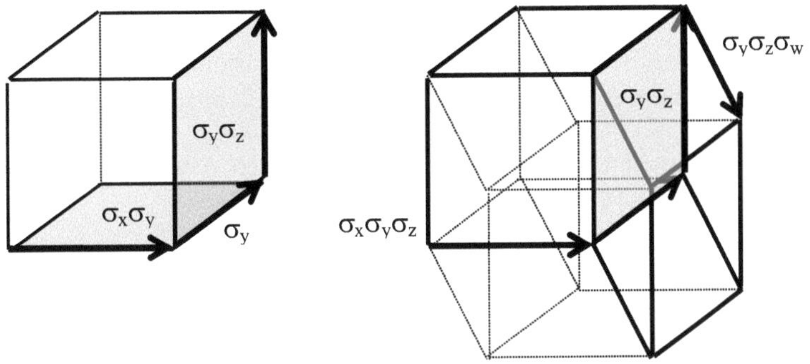

Abb. 16: Zwei senkrecht zueinander stehende Bivektoren (links) und zwei senkrecht zueinander stehende Trivektoren (rechts).

Dieser erste Spezialfall kann analog zur dreidimensionalen Situation veranschaulicht werden. Zwei Bivektoren stehen als orientierte Flächenstücke dann senkrecht zueinander, wenn sie von einem gemeinsamen Vektor und jeweils einem senkrecht zu allen anderen Vektoren stehenden Vektor aufgespannt werden. In Abbildung 16 wird dies anhand der beiden Bivektoren $\sigma_x\sigma_y$ und $\sigma_y\sigma_z$ links veranschaulicht.

Der erste Bivektor $\sigma_x\sigma_y$ wird durch den gemeinsamen Vektor σ_y und den senkrecht zu σ_y und σ_z stehenden Vektor σ_x aufgespannt. Der zweite Bivektor $\sigma_y\sigma_z$ wird durch den gemeinsamen Vektor σ_y und den senkrecht zu σ_x und σ_y stehenden Vektor σ_z aufgespannt. Und wie erwartet ist das innere Produkt Null: $(\sigma_x\sigma_y) \bullet (\sigma_y\sigma_z) = 0$

In der rechten Teilabbildung ist zu erkennen, dass die beiden Trivektoren $\sigma_x\sigma_y\sigma_z$ und $\sigma_y\sigma_z\sigma_w$ senkrecht zueinander stehen. Sie werden durch den gemeinsamen Bivektor $\sigma_y\sigma_z$ sowie durch einen senkrecht zu allen anderen Vektoren stehenden

Vektor (hier also σ_x bzw. σ_w) aufgespannt. Und ihr inneres Produkt ist wie erwartet dann Null: $(\sigma_x\sigma_y\sigma_z) \bullet (\sigma_y\sigma_z\sigma_w) = 0$

2. Spezialfall: Das untere Zwischenprodukt zweier Trivektoren **A** und **B** ist im vierdimensionalen Raum Null. Dann folgt, dass beide Trivektoren kommutativ vertauschen. Und das ist nur möglich, wenn die beiden Bivektoren als orientierte Volumenelemente parallel sind. Sie sind dann Vielfache voneinander: $\mathbf{A} = k\,\mathbf{B}$, wobei k ein Skalar ist.

Natürlich gilt auch die umgekehrte Argumentationsreihenfolge: Wenn die beiden Trivektoren **A** und **B** im vierdimensionalen Raum senkrecht aufeinander stehen, dann ist ihr inneres Produkt Null: $\mathbf{A} \bullet \mathbf{B} = 0$ (1. Spezialfall).

Und wenn die beiden Bivektoren **A** und **B** im vierdimensionalen Raum parallel sind, dann ist ihr unteres Zwischenprodukt Null: $\mathbf{A} \underline{\mathbf{x}} \mathbf{B} = 0$ (2. Spezialfall).

Die folgenden Aussagen sind somit für die Trivektoren **A** und **B** im vierdimensionalen Raum äquivalent:

$$\mathbf{A} \bullet \mathbf{B} = 0 \quad \Leftrightarrow \quad \mathbf{A}\,\mathbf{B} = -\,\mathbf{B}\,\mathbf{A} \quad \Leftrightarrow \quad \mathbf{A} \perp \mathbf{B} \qquad (7.23)$$

$$\mathbf{A} \underline{\mathbf{x}} \mathbf{B} = 0 \quad \Leftrightarrow \quad \mathbf{A}\,\mathbf{B} = \mathbf{B}\,\mathbf{A} \quad \Leftrightarrow \quad \mathbf{A} \parallel \mathbf{B} \qquad (7.24)$$

Und als abschließende Beispielrechnung wird nun überprüft, wie die drei Trivektoren

$$\mathbf{B} = 4\,\sigma_x\sigma_y\sigma_z + 26\,\sigma_z\sigma_w\sigma_x \qquad \mathbf{C} = 5\,\sigma_y\sigma_z\sigma_w$$

$$\mathbf{D} = 975\,\sigma_x\sigma_y\sigma_z + 1080\,\sigma_y\sigma_z\sigma_w - 150\,\sigma_z\sigma_w\sigma_x$$

zum Trivektor

$$\mathbf{A} = 65\,\sigma_x\sigma_y\sigma_z + 72\,\sigma_y\sigma_z\sigma_w - 10\,\sigma_z\sigma_w\sigma_x$$

stehen.

(1) $\mathbf{A} \bullet \mathbf{B} = -\,260 + 260 = 0 \qquad \mathbf{A} \underline{\mathbf{x}} \mathbf{B} = -\,288\,\sigma_w\sigma_x - 1730\,\sigma_w\sigma_y + 1872\,\sigma_x\sigma_y$

$\Rightarrow\ \mathbf{A} \perp \mathbf{B}$ Die Trivektoren **A** und **B** stehen senkrecht zueinander.

Die beiden Trivektoren **A** und **B** stehen nicht nur senkrecht zueinander, sondern es steht nun auch der Bivektor $\mathbf{A} \underline{\mathbf{x}} \mathbf{B}$ als orientiertes Flächenstück senkrecht auf diesen Trivektoren **A** und **B**.

Probe: $\mathbf{A} \bullet (\mathbf{A} \underline{\mathbf{x}} \mathbf{B}) = -\,121680\,\sigma_z + 124560\,\sigma_z - 2880\,\sigma_z = 0 \quad \Rightarrow \quad \mathbf{A} \perp (\mathbf{A} \underline{\mathbf{x}} \mathbf{B})$

$\mathbf{B} \bullet (\mathbf{A} \underline{\mathbf{x}} \mathbf{B}) = 7488\,\sigma_z - 7488\,\sigma_z = 0 \quad \Rightarrow \quad \mathbf{B} \perp (\mathbf{A} \underline{\mathbf{x}} \mathbf{B})$

(2) $\mathbf{A} \bullet \mathbf{C} = -360 \neq 0$ $\mathbf{A} \underline{\mathbf{x}} \mathbf{C} = 325\ \sigma_w\sigma_x + 50\ \sigma_x\sigma_y \neq 0$

$\Rightarrow$ Die Trivektoren **A** und **C** sind weder orthogonal noch parallel.
Sie stehen schräg zueinander.

Beide Trivektoren stehen jedoch senkrecht zum orientieren Flächenstück **A x C**.

Probe: $\mathbf{A} \bullet (\mathbf{A} \underline{\mathbf{x}} \mathbf{C}) = 3250\ \sigma_z - 3250\ \sigma_z = 0$ $\Rightarrow$ $\mathbf{A} \perp (\mathbf{A} \underline{\mathbf{x}} \mathbf{C})$

$\mathbf{C} \bullet (\mathbf{A} \underline{\mathbf{x}} \mathbf{C}) = 0$ $\Rightarrow$ $\mathbf{C} \perp (\mathbf{A} \underline{\mathbf{x}} \mathbf{C})$

(3) $\mathbf{A} \bullet \mathbf{D} = -63375 - 77760 - 1500 = -142635$ $\mathbf{A} \underline{\mathbf{x}} \mathbf{B} = 0$

$\Rightarrow$ $\mathbf{A} \parallel \mathbf{D}$ Die Trivektoren **A** und **D** sind parallel.

Der Trivektor **D** ist somit ein Vielfaches des Trivektors **A**. Der skalare Faktor k kann durch einen Größenvergleich ermittelt werden.

$$A = |\mathbf{A}| = \sqrt{9509} \qquad \text{sowie} \qquad D = |\mathbf{D}| = \sqrt{2139525}$$

$$\Rightarrow \qquad k = \frac{D}{A} = \sqrt{225} = 15$$

Tatsächlich bestätigt eine Probe, dass der Trivektor **D** genau 15 mal so groß wie Trivektors **A** ist:

$$15\ \mathbf{A} = 15\ (65\ \sigma_x\sigma_y\sigma_z + 72\ \sigma_y\sigma_z\sigma_w - 10\ \sigma_z\sigma_w\sigma_x)$$

$$= 975\ \sigma_x\sigma_y\sigma_z + 1080\ \sigma_y\sigma_z\sigma_w - 150\ \sigma_z\sigma_w\sigma_x$$

$$= \mathbf{D}$$

Und damit besitzen wir nun alle mathematischen Werkzeuge, die benötigt werden, um die Satzgruppen von Pythagoras bzw. von de Gua de Malves trivektoriell für ein Pentachoron (also für einen Hyper-Tetraeder im vierdimensionalen Raum) zu formulieren.

8 Die vierdimensional verallgemeinerte Satzgruppe

Ein Tetraeder ist ein Vierflächner: Tetra heißt vier und ein –eder ist ein –flächner. Ein Tetraeder wird ja durch vier Seitenflächen begrenzt.

Ein Pentachoron ist nun ein Fünfräumler: Penta heißt fünf und ein –choron ist ein –räumler. Ein Pentachoron ist also ein geometrisches Objekt, das durch fünf dreidimensionale Raumelemente begrenzt wird. Sie schließen ein vierdimensionales Hypervolumen ein.

Dieses „Einschließen" ist für das Verständnis höherdimensionaler Strukturen elementar.

Ein Dreieck (eigentlich müsste es „Dreiseitner" heißen) schließt durch drei eindimensionale Seitenvektoren eine um eine Dimension höhere, also zweidimensionale Fläche ein. Ein Tetraeder schließt durch vier zweidimensionale Dreiecksflächen ein um eine Dimension höheres, also dreidimensionales Volumen ein. Ein Pentachoron schließt durch fünf dreidimensionale Tetraedervolumina ein um eine Dimension höheres, also vierdimensionales Hypervolumen ein.

(Ergänzung in Klammern: Und ein Hexahyperchoron würde durch sechs vierdimensionale Pentachorahypervolumina ein um eine Dimension höheres, also fünfdimensionale Hyperhypervolumen einschließen. Das kommt aber erst im nächsten Kapitel.) Zuerst einmal basteln wir uns ein vierdimensionales Pentachoron. Und das ist schon schwierig genug.

Dieses Pentachoron konstruieren wir, indem wir von einem Punkt E, der zukünftigen oberen Spitze des Pentachorons, vier Vektoren zu den vier anderen Eckpunkten A, B, C und D des Pentachorons einzeichnen. Und wie schon zu Beginn von Kapitel 5 erwähnt, gilt: Diese vier Kantenvektoren, die die Spitze E berühren, sind alternierend ausgerichtet. Zwei dieser Kantenvektoren **a** = AE = – EA und **c** = CE = – EC zeigen zur Spitze hin. Und die beiden anderen Kantenvektoren **b** = EB sowie **d** = ED zeigen von der Spitze E weg.

Wichtig ist nun: Diese vier Vektoren zeigen in vier verschiedene Richtungen des vierdimensionalen Raums. Es ist also nicht möglich, einen dieser Vektoren als Linearkombination der anderen drei Kantenvektoren auszudrücken:

$k_1\,\mathbf{a} + k_2\,\mathbf{b} + k_3\,\mathbf{c} = \mathbf{d}$ darf nie und nimmer gelten!!! $(k_1, k_2, k_3 \in \mathbb{R})$

Und sollten alle Winkel zwischen den vier Kantenvektoren genau 90° groß sein, so dass sie orthogonal zueinander

$\mathbf{a} \perp \mathbf{b}$ $\mathbf{a} \perp \mathbf{c}$ $\mathbf{a} \perp \mathbf{d}$

$\mathbf{b} \perp \mathbf{c}$ $\mathbf{b} \perp \mathbf{d}$ $\mathbf{c} \perp \mathbf{d}$

stehen, dann wird es ein rechtwinkliges Pentachoron werden. Dieses erhalten wir, wenn wir von einem Hyperwürfel (Abbildung 14 rechts) einfach irgendeine Ecke abschneiden würden.

Wir bleiben aber zuerst einmal allgemein und lassen beliebige Winkel zwischen den Kantenvektoren zu.

Diese vier Eckpunkte A, B, C und D bilden nun das dreidimensionale Grundvolumen, das der Spitze E des Pentachorons gegenüber liegt. (Genauso liegt beim Dreieck die Grundseite oder Hypotenuse **c** = AB der Spitze des Dreiecks C gegenüber. Und beim Tetraeder liegt die Dreiecks-Grundfläche ABC der Spitze D gegenüber.)

Und nochmals Achtung: Der Punkt C liegt nicht in der Ebene des Dreiecks DAB, sondern über oder unter diesem Dreieck in einer weiteren, orthogonal stehenden Richtung von der Dreiecksebene entfernt.

Deshalb wird durch die Vektoren **e**, **f**, **g**, **j**, **k** und ***l*** ein dreidimensionales Volumen aufgespannt. Dieses dreidimensionale Grundvolumen ist ein Tetraeder und begrenzt das vierdimensionale Hypervolumen des Pentachorons „von unten“. In Abbildung 17 ist dieses Grundvolumen als unterer Teil des Pentachorons in Form des dreidimensionalen Tetraeders ABCD zu sehen.

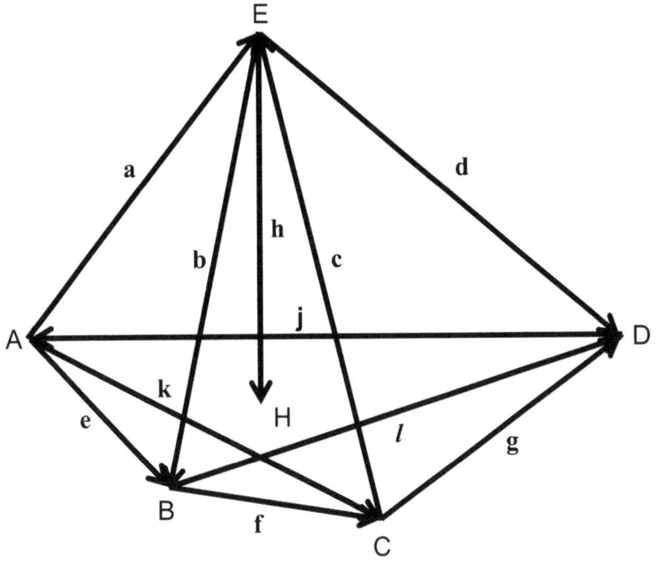

Abb. 17: Ein Pentachoron im vierdimensionalen Raum mit fünf Eckpunkten A, B, C, D und E, das von fünf dreidimensionalen Tetraeder-Volumina begrenzt wird.

Damit lauten die vier Kantenvektoren, die die Spitze E berühren (Gleichungen 8.1 links), und die sechs Kantenvektoren, die das Grundvolumen (rechte Seite der Gleichungen 8.1) bilden:

$$\begin{array}{lll}
\mathbf{a} = \mathsf{AE} = -\,\mathsf{EA} & \mathbf{e} = \mathsf{AB} = \ \mathbf{a} + \mathbf{b} & \mathbf{k} = \mathsf{AC} = \ \mathbf{a} - \mathbf{c} \\
\mathbf{b} = \mathsf{EB} & \mathbf{f} = \mathsf{BC} = -\,\mathbf{b} - \mathbf{c} & \boldsymbol{l} = \mathsf{BD} = -\,\mathbf{b} + \mathbf{d} \\
\mathbf{c} = \mathsf{CE} = -\,\mathsf{EC} & \mathbf{g} = \mathsf{CD} = \ \mathbf{c} + \mathbf{d} & \\
\mathbf{d} = \mathsf{ED} & \mathbf{j} = \mathsf{DA} = -\,\mathbf{d} - \mathbf{a} &
\end{array} \qquad (8.1)$$

Zur besseren Veranschaulichung werden die vier dreidimensionalen Seitenvolumina **A**, **B**, **C** und **D** in Abbildung 18 hervorgehoben dargestellt.

Das in Abbildung links oben hervorgehobene Seitenvolumen EDAB wird ohne den Kantenvektor **c** gebildet. Es liegt somit dem Punkt C (Arial, normal gedruckt) gegenüber. Deshalb wird dieses Seitenvolumen als **C** = – EDAB (**C** in der Schriftart Times New Roman, fett gedruckt) bezeichnet.

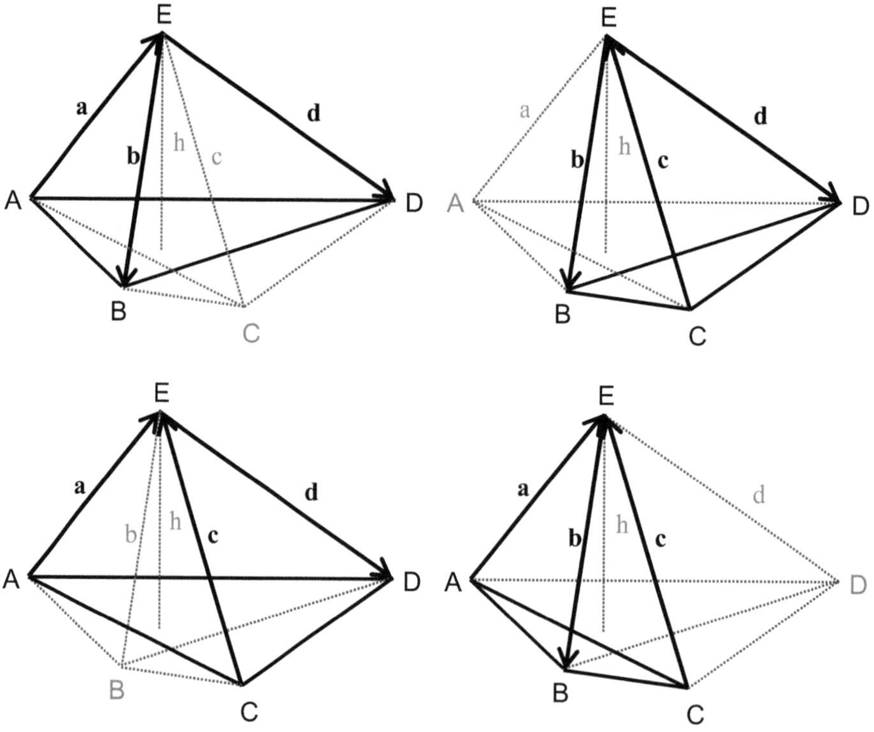

Abb. 18: Die vier Seitenvolumina **C**, **A**, **B** und **D** bilden orientierte Tetraeder, deren Spitzen sich im Punkt E befinden.

Die Ausrichtung des Vorzeichens wird dabei so gewählt, dass die äußeren Produkte der Kantenvektoren **a**, **b**, **c** und **d** in allen vier Gleichungen (8.2) bis (8.5) bei zyklischer Erweiterung $\mathbf{a} \wedge \mathbf{b} \wedge \mathbf{c} \rightarrow \mathbf{b} \wedge \mathbf{c} \wedge \mathbf{d} \rightarrow \mathbf{c} \wedge \mathbf{d} \wedge \mathbf{a} \rightarrow \mathbf{d} \wedge \mathbf{a} \wedge \mathbf{b} \rightarrow \mathbf{a} \wedge \mathbf{b} \wedge \mathbf{c} \rightarrow$ etc. positiv sein werden.

Analog erfolgt die Benennung der orientierten Seitenvolumina $\mathbf{A} = -\,\mathsf{EBCD}$ (rechts oben), $\mathbf{B} = \mathsf{ECDA}$ (links unten) und $\mathbf{D} = \mathsf{EABC}$ (rechts unten in Abbildung 18).

Diese vier Seitenvolumina können dann mit Hilfe der Kantenvektoren **a**, **b**, **c**, **d**, die die Spitze E berühren, ausgedrückt und als äußere Produkte geschrieben werden. Da es sich um orientierte Tetraeder-Volumina handelt, besitzen sie genau ein Sechstel der Größe der orientierten Parallelepipede, die von jeweils drei Kantenvektoren aufgespannt werden:

$$\mathbf{A} = -\,\mathsf{EBCD} = -\frac{1}{6}\,\mathsf{EB} \wedge \mathsf{BC} \wedge \mathsf{CD} = \frac{1}{6}\,\mathbf{b} \wedge \mathbf{c} \wedge \mathbf{d} \tag{8.2}$$

$$\mathbf{B} = \mathsf{ECDA} = \frac{1}{6}\,\mathsf{EC} \wedge \mathsf{CD} \wedge \mathsf{DA} = \frac{1}{6}\,\mathbf{c} \wedge \mathbf{d} \wedge \mathbf{a} \tag{8.3}$$

$$\mathbf{C} = -\,\mathsf{EDAB} = -\frac{1}{6}\,\mathsf{ED} \wedge \mathsf{DA} \wedge \mathsf{AB} = \frac{1}{6}\,\mathbf{d} \wedge \mathbf{a} \wedge \mathbf{b} \tag{8.4}$$

$$\mathbf{D} = \mathsf{EABC} = \frac{1}{6}\,\mathsf{EA} \wedge \mathsf{AB} \wedge \mathsf{BC} = \frac{1}{6}\,\mathbf{a} \wedge \mathbf{b} \wedge \mathbf{c} \tag{8.5}$$

Diese vier Seitenvolumina werden nun mit dem orientierten Tetraeder des Grundvolumens $\mathbf{E} = -\,\mathsf{ABCD}$ verglichen, dessen Vorzeichen so gewählt wird, dass alle Terme letztendlich wieder positiv werden.

$$\begin{aligned}
\mathbf{E} = -\,\mathsf{ABCD} &= -\frac{1}{6}\,\mathsf{AB} \wedge \mathsf{BC} \wedge \mathsf{CD} = -\frac{1}{6}\,\mathbf{e} \wedge \mathbf{f} \wedge \mathbf{g} \\
&= \frac{1}{6}(\mathbf{a}+\mathbf{b}) \wedge (\mathbf{b}+\mathbf{c}) \wedge (\mathbf{c}+\mathbf{d}) \\
&= \frac{1}{6}\,\mathbf{a} \wedge \mathbf{b} \wedge \mathbf{c} + \frac{1}{6}\,\mathbf{a} \wedge \mathbf{b} \wedge \mathbf{d} + \frac{1}{6}\,\mathbf{a} \wedge \mathbf{c} \wedge \mathbf{c} + \frac{1}{6}\,\mathbf{a} \wedge \mathbf{c} \wedge \mathbf{d} \\
&\quad + \frac{1}{6}\,\mathbf{b} \wedge \mathbf{b} \wedge \mathbf{c} + \frac{1}{6}\,\mathbf{b} \wedge \mathbf{b} \wedge \mathbf{d} + \frac{1}{6}\,\mathbf{b} \wedge \mathbf{c} \wedge \mathbf{c} + \frac{1}{6}\,\mathbf{b} \wedge \mathbf{c} \wedge \mathbf{d} \\
&= \frac{1}{6}\,\mathbf{a} \wedge \mathbf{b} \wedge \mathbf{c} + \frac{1}{6}\,\mathbf{d} \wedge \mathbf{a} \wedge \mathbf{b} + \frac{1}{6}\,\mathbf{c} \wedge \mathbf{d} \wedge \mathbf{a} + \frac{1}{6}\,\mathbf{b} \wedge \mathbf{c} \wedge \mathbf{d} \\
&= \mathbf{D} + \mathbf{C} + \mathbf{B} + \mathbf{A}
\end{aligned} \tag{8.6}$$

Zum Glück verschwinden alle äußeren Produkte, bei der zwei Faktoren identisch sind. Parallel liegende Vektoren können ja kein zweidimensionales Flächenstück aufspannen, so dass bei einer weiteren äußeren Multiplikation auch kein dreidimensionales Volumenelement entstehen kann.

Deshalb erhalten wir die sehr einfache und sehr grundlegende Beziehung zwischen den fünf orientierten Tetraeder-Volumina, die hier noch einmal hingeschrieben wird:

$$\mathbf{A} + \mathbf{B} + \mathbf{C} + \mathbf{D} = \mathbf{E} \tag{8.6}$$

Diese Gleichung stellt die Urform, die eigentliche Essenz und das unendlich feste Fundament eines vierdimensionalen Satzes von Pythagoras & de Gua des Malves dar. Gleichung (8.6) gilt immer und überall, für jedes Pentrachoron mit beliebigen Winkeln, sofern die Vektorrichtungen wie oben angegeben gewählt werden.

Um einen verallgemeinerten trivektoriellen Satz von Pythagoras & de Gua de Malves zu erhalten, muss jetzt wieder einfach nur quadriert werden. Zusammen mit der Definition der inneren Multiplikation zweier Trivektoren (7.11) im vierdimensionalen Raum ergibt sich:

$$\begin{aligned}(\mathbf{A} + \mathbf{B} + \mathbf{C} + \mathbf{D})^2 &= (\mathbf{A} + \mathbf{B} + \mathbf{C} + \mathbf{D})\,(\mathbf{A} + \mathbf{B} + \mathbf{C} + \mathbf{D}) \\ &= \mathbf{A}^2 + \mathbf{A\,B} + \mathbf{A\,C} + \mathbf{A\,D} + \mathbf{B\,A} + \mathbf{B}^2 + \mathbf{B\,C} + \mathbf{B\,D} \\ &\quad + \mathbf{C\,A} + \mathbf{C\,B} + \mathbf{C}^2 + \mathbf{C\,D} + \mathbf{D\,A} + \mathbf{D\,B} + \mathbf{D\,C} + \mathbf{D}^2 \\ &= \mathbf{A}^2 + \mathbf{B}^2 + \mathbf{C}^2 + \mathbf{D}^2 + 2\,\mathbf{A} \bullet \mathbf{B} + 2\,\mathbf{A} \bullet \mathbf{C} + 2\,\mathbf{A} \bullet \mathbf{D} \\ &\quad + 2\,\mathbf{B} \bullet \mathbf{C} + 2\,\mathbf{B} \bullet \mathbf{D} + 2\,\mathbf{C} \bullet \mathbf{D} \\ &= \mathbf{E}^2\end{aligned} \tag{8.7}$$

Und das ist er, der neue, verallgemeinerte trivektorielle Satz des Pythagoras für Pentachora, hier noch einmal kurz zusammengefasst:

$$\mathbf{E}^2 = \mathbf{A}^2 + \mathbf{B}^2 + \mathbf{C}^2 + \mathbf{D}^2 + 2\,\mathbf{A} \bullet \mathbf{B} + 2\,\mathbf{A} \bullet \mathbf{C} + 2\,\mathbf{A} \bullet \mathbf{D} + 2\,\mathbf{B} \bullet \mathbf{C} + 2\,\mathbf{B} \bullet \mathbf{D} + 2\,\mathbf{C} \bullet \mathbf{D} \tag{8.7}$$

Und für senkrecht stehende Kantenvektoren und somit auch senkrecht zueinander stehende Seitenvolumina verschwinden die inneren Produkte, so dass sich automatisch die Beziehung

$$\mathbf{E}^2 = \mathbf{A}^2 + \mathbf{B}^2 + \mathbf{C}^2 + \mathbf{D}^2 \qquad \text{für rechtwinklige Pentachora} \tag{8.8}$$

ergibt.

Auch können wieder trivektorielle Analoga zu den vektoriellen Euklidischen Höhen- und Kathetensätzen konstruiert werden.

Dazu zeichnen wir vom Fußpunkt des Höhenvektors H ausgehend die vier Verbindungsvektoren **p** = HA, **q** = HB, **r** = HC und **s** = HD zu den vier Eckpunkten A, B, C und D des Grundvolumens **E** ein. In Abbildung 19 werden diese Verbindungsvektoren gezeigt. Schauen Sie bitte genau hin. Der dreidimensionale orientierte Tetraeder des Grundvolumens **E** wird in genau vier kleinere dreidimensionale Tetraeder zerlegt, deren Spitzen im Höhen-Fußpunkt H zusammenfallen.

Die weitere Strategie verläuft analog zum bivektoriellen Vorgehen bei de Gua de Malves. Erneut können die Verbindungsvektoren mit Hilfe des Höhenvektors **h** und der Kantenvektoren **a**, **b**, **c** und **d** geschrieben werden:

$$\mathbf{p} = -\,\mathbf{a} - \mathbf{h} \qquad \mathbf{q} = \mathbf{b} - \mathbf{h} \qquad \mathbf{r} = -\,\mathbf{c} - \mathbf{h} \qquad \mathbf{s} = \mathbf{d} - \mathbf{h} \qquad (8.9)$$

Die vier tetraederförmigen, orientierten Teilvolumina, in die das Grundvolumen **E** zerlegt wird, lauten dann bei konsistenter Vorzeichenwahl: **P** = – HBCD, **Q** = HCDA, **R** = – HDAB und **S** = HABC. Sie liegen den vierdimensional entfernten Punkten A, B, C und D und damit den vier Verbindungsvektoren **p** = HA, **q** = HB, **r** = HC und **s** = HD vierdimensional gesehen „gegenüber".

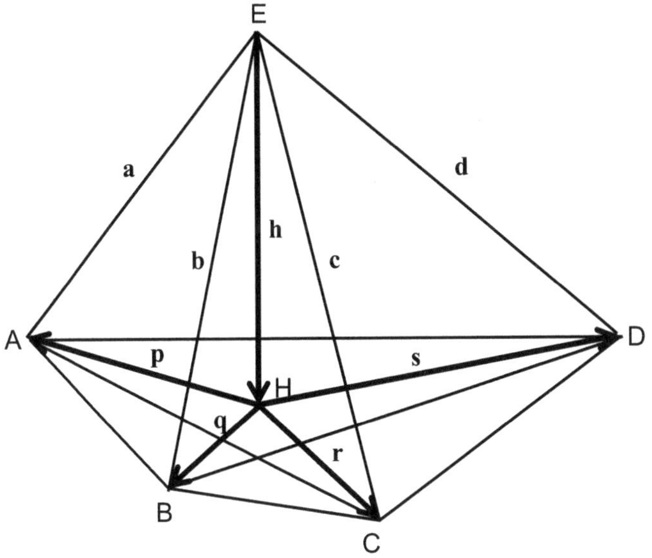

Abb. 19: Das dreidimensionale Grundvolumen **E** lässt sich mit Hilfe der Verbindungsvektoren **p** = HA, **q** = HB, **r** = HC und **s** = HD in vier tetraederförmige Teilvolumina **P**, **Q**, **R** und **S** aufspalten.

Da diese dreidimensionalen Teilvolumina tetraederförmig sind, entsprechen ihre orientierten Volumenelemente jeweils einem Sechstel der von ihren Seitenvektoren aufgespannten orientierten Parallelepipede. Das orientierte Volumenelement **P** ergibt sich dann durch das folgende äußere Produkt:

$$\begin{aligned}\mathbf{P} &= -\,\mathsf{HBCD} = -\tfrac{1}{6}\,\mathsf{HB}\wedge\mathsf{BC}\wedge\mathsf{CD} = -\tfrac{1}{6}\,\mathbf{q}\wedge\mathbf{f}\wedge\mathbf{g}\\ &= \tfrac{1}{6}\,(\mathbf{b}-\mathbf{h})\wedge(\mathbf{b}+\mathbf{c})\wedge(\mathbf{c}+\mathbf{d})\\ &= \tfrac{1}{6}\,\mathbf{b}\wedge\mathbf{c}\wedge\mathbf{d}-\tfrac{1}{6}\,\mathbf{h}\wedge\mathbf{b}\wedge\mathbf{c}-\tfrac{1}{6}\,\mathbf{h}\wedge\mathbf{b}\wedge\mathbf{d}-\tfrac{1}{6}\,\mathbf{h}\wedge\mathbf{c}\wedge\mathbf{d}\\ &= \mathbf{A}-\mathbf{H}_{bc}-\mathbf{H}_{bd}-\mathbf{H}_{cd}\end{aligned}\tag{8.10}$$

Die drei höhenartigen orientierten Tetraedervolumina $\mathbf{H}_{bc}$, $\mathbf{H}_{bd}$ und $\mathbf{H}_{cd}$ stehen dabei senkrecht auf dem Teilvolumen **P**. Und zusammen schließen alle diese fünf dreidimensionalen orientierten Tetraedervolumen **P**, **A**, $\mathbf{H}_{bc}$, $\mathbf{H}_{bd}$ und $\mathbf{H}_{cd}$ ein vierdimensionales, hypertetraederförmiges Volumen ein. Sie bilden also ein Pentachoron.

Analog dazu, jedoch wieder mit alternierenden Vorzeichen in Analogie zu (8.2) bis (8.5), werden die drei noch fehlenden Teilvolumina gebildet:

$$\begin{aligned}\mathbf{Q} &= \mathsf{HCDA} = \tfrac{1}{6}\,\mathsf{HC}\wedge\mathsf{CD}\wedge\mathsf{DA} = \tfrac{1}{6}\,\mathbf{r}\wedge\mathbf{g}\wedge\mathbf{j}\\ &= \tfrac{1}{6}\,(\mathbf{c}+\mathbf{h})\wedge(\mathbf{c}+\mathbf{d})\wedge(\mathbf{d}+\mathbf{a})\\ &= \tfrac{1}{6}\,\mathbf{c}\wedge\mathbf{d}\wedge\mathbf{a}+\tfrac{1}{6}\,\mathbf{h}\wedge\mathbf{c}\wedge\mathbf{d}-\tfrac{1}{6}\,\mathbf{h}\wedge\mathbf{a}\wedge\mathbf{c}+\tfrac{1}{6}\,\mathbf{h}\wedge\mathbf{d}\wedge\mathbf{a}\\ &= \mathbf{B}+\mathbf{H}_{cd}-\mathbf{H}_{ac}+\mathbf{H}_{da}\end{aligned}\tag{8.11}$$

$$\begin{aligned}\mathbf{R} &= -\,\mathsf{HDAB} = -\tfrac{1}{6}\,\mathsf{HD}\wedge\mathsf{DA}\wedge\mathsf{AB} = -\tfrac{1}{6}\,\mathbf{s}\wedge\mathbf{j}\wedge\mathbf{e}\\ &= \tfrac{1}{6}\,(\mathbf{d}-\mathbf{h})\wedge(\mathbf{d}+\mathbf{a})\wedge(\mathbf{a}+\mathbf{b})\\ &= \tfrac{1}{6}\,\mathbf{d}\wedge\mathbf{a}\wedge\mathbf{b}-\tfrac{1}{6}\,\mathbf{h}\wedge\mathbf{d}\wedge\mathbf{a}+\tfrac{1}{6}\,\mathbf{h}\wedge\mathbf{b}\wedge\mathbf{d}-\tfrac{1}{6}\,\mathbf{h}\wedge\mathbf{a}\wedge\mathbf{b}\\ &= \mathbf{C}-\mathbf{H}_{da}+\mathbf{H}_{bd}-\mathbf{H}_{ab}\end{aligned}\tag{8.12}$$

$$\begin{aligned}\mathbf{S} &= \mathsf{HABC} = \tfrac{1}{6}\,\mathsf{HA}\wedge\mathsf{AB}\wedge\mathsf{BC} = \tfrac{1}{6}\,\mathbf{p}\wedge\mathbf{e}\wedge\mathbf{f}\\ &= \tfrac{1}{6}\,(\mathbf{a}+\mathbf{h})\wedge(\mathbf{a}+\mathbf{b})\wedge(\mathbf{b}+\mathbf{c})\\ &= \tfrac{1}{6}\,\mathbf{a}\wedge\mathbf{b}\wedge\mathbf{c}+\tfrac{1}{6}\,\mathbf{h}\wedge\mathbf{a}\wedge\mathbf{b}+\tfrac{1}{6}\,\mathbf{h}\wedge\mathbf{a}\wedge\mathbf{c}+\tfrac{1}{6}\,\mathbf{h}\wedge\mathbf{b}\wedge\mathbf{c}\\ &= \mathbf{D}+\mathbf{H}_{ab}+\mathbf{H}_{ac}+\mathbf{H}_{bc}\end{aligned}\tag{8.13}$$

Wie erwartet ergibt die Summe dieser vier orientierten Teilvolumina genau das gesamte Grundvolumen **E**:

$$\mathbf{E} = \mathbf{P} + \mathbf{Q} + \mathbf{R} + \mathbf{S} = \mathbf{A} + \mathbf{B} + \mathbf{C} + \mathbf{D} \qquad (8.14)$$

Und wieder ist es sinnvoll, die höhenartigen trivektoriellen Volumina zusammenzufassen. Die Summen der trivektoriellen Innenvolumina werden dann definiert als:

$$\mathbf{H_P} = +\,\mathbf{H_{bc}} + \mathbf{H_{bd}} + \mathbf{H_{cd}} = \frac{1}{6}\,\mathbf{h} \wedge (\mathbf{b} \wedge \mathbf{c} + \mathbf{b} \wedge \mathbf{d} + \mathbf{c} \wedge \mathbf{d}) \qquad (8.15)$$

$$\mathbf{H_Q} = -\,\mathbf{H_{cd}} + \mathbf{H_{ac}} - \mathbf{H_{da}} = \frac{1}{6}\,\mathbf{h} \wedge (-\,\mathbf{c} \wedge \mathbf{d} + \mathbf{a} \wedge \mathbf{c} - \mathbf{d} \wedge \mathbf{a}) \qquad (8.16)$$

$$\mathbf{H_R} = +\,\mathbf{H_{da}} - \mathbf{H_{bd}} + \mathbf{H_{ab}} = \frac{1}{6}\,\mathbf{h} \wedge (\mathbf{d} \wedge \mathbf{a} - \mathbf{b} \wedge \mathbf{d} + \mathbf{a} \wedge \mathbf{b}) \qquad (8.17)$$

$$\mathbf{H_S} = -\,\mathbf{H_{ab}} - \mathbf{H_{ac}} - \mathbf{H_{bc}} = \frac{1}{6}\,\mathbf{h} \wedge (-\,\mathbf{a} \wedge \mathbf{b} - \mathbf{a} \wedge \mathbf{c} - \mathbf{b} \wedge \mathbf{c}) \qquad (8.18)$$

Damit lässt sich in Analogie zu den Gleichungen (5.11) und (5.19) sowie (5.20) nun trivektoriell schreiben:

$$\mathbf{P} = \mathbf{A} - \mathbf{H_P} \qquad \mathbf{Q} = \mathbf{B} - \mathbf{H_Q} \qquad \mathbf{R} = \mathbf{C} - \mathbf{H_R} \qquad \mathbf{S} = \mathbf{D} - \mathbf{H_S} \qquad (8.19)$$

bzw. $$\mathbf{A} = \mathbf{P} + \mathbf{H_P} \qquad \mathbf{B} = \mathbf{Q} + \mathbf{H_Q} \qquad \mathbf{C} = \mathbf{R} + \mathbf{H_R} \qquad \mathbf{D} = \mathbf{S} + \mathbf{H_S} \qquad (8.20)$$

Da die höhenartigen Volumina $\mathbf{H_P}$, $\mathbf{H_Q}$, $\mathbf{H_R}$ und $\mathbf{H_S}$ alle senkrecht auf dem orientierten Grundvolumen **E** stehen, folgt aufgrund der verschwindenden inneren Produkte

$$\mathbf{E} \bullet \mathbf{H_P} = \mathbf{E} \bullet \mathbf{H_Q} = \mathbf{E} \bullet \mathbf{H_R} = \mathbf{E} \bullet \mathbf{H_S} = 0 \qquad (8.21)$$

bzw. $$\mathbf{P} \bullet \mathbf{H_P} = \mathbf{Q} \bullet \mathbf{H_Q} = \mathbf{R} \bullet \mathbf{H_R} = \mathbf{S} \bullet \mathbf{H_S} = 0 \qquad (8.22)$$

für das Quadrat der Gleichungen (8.20):

$$\mathbf{A}^2 = \mathbf{P}^2 + \mathbf{H_P}^2 \qquad \mathbf{B}^2 = \mathbf{Q}^2 + \mathbf{H_Q}^2 \qquad \mathbf{C}^2 = \mathbf{R}^2 + \mathbf{H_R}^2 \qquad \mathbf{D}^2 = \mathbf{S}^2 + \mathbf{H_S}^2 \qquad (8.23)$$

bzw. $$\mathbf{P}^2 = \mathbf{A}^2 - \mathbf{H_P}^2 \qquad \mathbf{Q}^2 = \mathbf{B}^2 - \mathbf{H_Q}^2 \qquad \mathbf{R}^2 = \mathbf{C}^2 - \mathbf{H_R}^2 \qquad \mathbf{S}^2 = \mathbf{D}^2 - \mathbf{H_S}^2 \qquad (8.24)$$

Jetzt lassen sich die drei verallgemeinerten trivektoriellen Kathetensätze der vierdimensionalen Satzgruppe für Pentachora beliebiger Winkel formulieren:

$$\begin{aligned}
\mathbf{P\,E} &= \mathbf{P} \bullet \mathbf{E} && \text{da } \mathbf{P} \parallel \mathbf{E} \text{ und somit } \mathbf{P} \times \mathbf{E} = 0 \\
&= (\mathbf{A} - \mathbf{H_P}) \bullet \mathbf{E} && \text{siehe Gl. (8.19)} \\
&= \mathbf{A} \bullet \mathbf{E} - \mathbf{H_P} \bullet \mathbf{E} = \mathbf{A} \bullet \mathbf{E} && \text{siehe Gl. (8.21)} \\
&= \mathbf{A} \bullet (\mathbf{A} + \mathbf{B} + \mathbf{C} + \mathbf{D}) && \text{siehe Gl. (8.6)}
\end{aligned}$$

$$\Rightarrow \qquad \mathbf{P\,E} = \mathbf{A}^2 + \mathbf{A} \bullet \mathbf{B} + \mathbf{A} \bullet \mathbf{C} + \mathbf{A} \bullet \mathbf{D} \qquad (8.25)$$

Zweiter verallgemeinerter trivektorieller Kathetensatz:

$$\mathbf{Q\,E} = \mathbf{Q} \bullet \mathbf{E} = (\mathbf{B} - \mathbf{H_Q}) \bullet \mathbf{E} = \mathbf{B} \bullet \mathbf{E} - \mathbf{H_Q} \bullet \mathbf{E} = \mathbf{B} \bullet (\mathbf{A} + \mathbf{B} + \mathbf{C} + \mathbf{D})$$

$$\Rightarrow \quad \mathbf{Q\,E} = \mathbf{B}^2 + \mathbf{A} \bullet \mathbf{B} + \mathbf{B} \bullet \mathbf{C} + \mathbf{B} \bullet \mathbf{D} \tag{8.26}$$

Dritter verallgemeinerter trivektorieller Kathetensatz:

$$\mathbf{R\,E} = \mathbf{R} \bullet \mathbf{E} = (\mathbf{C} - \mathbf{H_R}) \bullet \mathbf{E} = \mathbf{C} \bullet \mathbf{E} - \mathbf{H_R} \bullet \mathbf{E} = \mathbf{C} \bullet (\mathbf{A} + \mathbf{B} + \mathbf{C} + \mathbf{D})$$

$$\Rightarrow \quad \mathbf{R\,E} = \mathbf{C}^2 + \mathbf{A} \bullet \mathbf{C} + \mathbf{B} \bullet \mathbf{C} + \mathbf{C} \bullet \mathbf{D} \tag{8.27}$$

Vierter verallgemeinerter trivektorieller Kathetensatz:

$$\mathbf{S\,E} = \mathbf{S} \bullet \mathbf{E} = (\mathbf{D} - \mathbf{H_E}) \bullet \mathbf{E} = \mathbf{D} \bullet \mathbf{E} - \mathbf{H_S} \bullet \mathbf{E} = \mathbf{D} \bullet (\mathbf{A} + \mathbf{B} + \mathbf{C} + \mathbf{D})$$

$$\Rightarrow \quad \mathbf{S\,E} = \mathbf{D}^2 + \mathbf{A} \bullet \mathbf{D} + \mathbf{B} \bullet \mathbf{D} + \mathbf{C} \bullet \mathbf{D} \tag{8.28}$$

Da die Summer aller drei orientierten Teilvolumina $\mathbf{P} + \mathbf{Q} + \mathbf{R} + \mathbf{S} = \mathbf{E}$ (8.14) das gesamte orientierte Grundvolumen **E** ergibt, ergibt die Summe der drei verallgemeinerten trivektoriellen Kathetensätze den verallgemeinerten trivektoriellen Satz von Pythagoras und de Gua de Malves:

$$\begin{aligned} \mathbf{P\,E} + \mathbf{Q\,E} + \mathbf{R\,E} + \mathbf{S\,E} = \mathbf{E}^2 & \\ = \mathbf{A}^2 + \mathbf{B}^2 + \mathbf{C}^2 + 2\,\mathbf{A} \bullet \mathbf{B} + 2\,\mathbf{A} \bullet \mathbf{C} + 2\,\mathbf{A} \bullet \mathbf{D} & \\ + 2\,\mathbf{B} \bullet \mathbf{C} + 2\,\mathbf{B} \bullet \mathbf{D} + 2\,\mathbf{C} \bullet \mathbf{D} & \end{aligned} \tag{8.7}$$

Neben den vier verallgemeinerten trivektoriellen Kathetensätzen können auch vier verallgemeinerte Höhensätze aufgestellt werden:

$$\begin{aligned} \mathbf{P}\,(\mathbf{Q} + \mathbf{R} + \mathbf{S}) &= \mathbf{P}\,(\mathbf{E} - \mathbf{P}) = \mathbf{P\,E} - \mathbf{P}^2 \\ &= \mathbf{A}^2 + \mathbf{A} \bullet \mathbf{B} + \mathbf{A} \bullet \mathbf{C} + \mathbf{A} \bullet \mathbf{D} - \mathbf{A}^2 + \mathbf{H_P}^2 \end{aligned} \qquad \text{Einsetzen von Gl. (8.25) \& (8.24)}$$

$$\Rightarrow \quad \mathbf{P}\,(\mathbf{Q} + \mathbf{R} + \mathbf{S}) = \mathbf{P}\,(\mathbf{E} - \mathbf{P}) = \mathbf{H_P}^2 + \mathbf{A} \bullet \mathbf{B} + \mathbf{A} \bullet \mathbf{C} + \mathbf{A} \bullet \mathbf{D} \tag{8.29}$$

Zweiter verallgemeinerter trivektorieller Höhensatz:

$$\mathbf{Q}\,(\mathbf{R} + \mathbf{S} + \mathbf{P}) = \mathbf{Q}\,(\mathbf{E} - \mathbf{Q}) = \mathbf{B}^2 + \mathbf{A} \bullet \mathbf{B} + \mathbf{B} \bullet \mathbf{C} + \mathbf{B} \bullet \mathbf{D} - \mathbf{B}^2 + \mathbf{H_Q}^2$$

$$\Rightarrow \quad \mathbf{Q}\,(\mathbf{R} + \mathbf{S} + \mathbf{P}) = \mathbf{Q}\,(\mathbf{E} - \mathbf{Q}) = \mathbf{H_Q}^2 + \mathbf{A} \bullet \mathbf{B} + \mathbf{B} \bullet \mathbf{C} + \mathbf{B} \bullet \mathbf{D} \tag{8.30}$$

Dritter verallgemeinerter trivektorieller Höhensatz:

$$\mathbf{R}\,(\mathbf{S} + \mathbf{P} + \mathbf{Q}) = \mathbf{R}\,(\mathbf{E} - \mathbf{R}) = \mathbf{C}^2 + \mathbf{A} \bullet \mathbf{C} + \mathbf{B} \bullet \mathbf{A} + \mathbf{C} \bullet \mathbf{D} - \mathbf{C}^2 + \mathbf{H_R}^2$$

$$\Rightarrow \quad \mathbf{R}\,(\mathbf{S} + \mathbf{P} + \mathbf{Q}) = \mathbf{R}\,(\mathbf{E} - \mathbf{R}) = \mathbf{H_R}^2 + \mathbf{A} \bullet \mathbf{C} + \mathbf{B} \bullet \mathbf{C} + \mathbf{C} \bullet \mathbf{D} \tag{8.31}$$

Vierter verallgemeinerter trivektorieller Höhensatz:

$$\mathbf{S}\,(\mathbf{P}+\mathbf{Q}+\mathbf{R})=\mathbf{S}\,(\mathbf{E}-\mathbf{S})=\mathbf{D}^2+\mathbf{A}\bullet\mathbf{D}+\mathbf{B}\bullet\mathbf{D}+\mathbf{C}\bullet\mathbf{D}-\mathbf{C}^2+\mathbf{H_S}^2$$

$$\Rightarrow\quad \mathbf{S}\,(\mathbf{P}+\mathbf{Q}+\mathbf{R})=\mathbf{S}\,(\mathbf{E}-\mathbf{S})=\mathbf{H_S}^2+\mathbf{A}\bullet\mathbf{D}+\mathbf{B}\bullet\mathbf{D}+\mathbf{C}\bullet\mathbf{D} \qquad (8.32)$$

Zusätzlich kann beim Pentachoron ein Hyper-Volumensatz formuliert werden. Dazu wird das Pentachoron in ein Hyper-Parallelepiped eingebettet. Hyper-Parallelepipede werden auch als Parallelotope bezeichnet. Ihre Grundflächen besitzen im Vergleich zu den eingebetteten Pentachora ein sechsfaches Volumen, da ein Tetraeder sechs mal in ein Parallelepiped passt. Deshalb besitzt das Pentachoron nur ein Vierundzwanzigstel (also ein Viertel mal ein Sechstel) des Hypervolumens des Hyper-Parallelepipeds.

Dieses Hyper-Parallelepiped weist somit das folgende orientierte Volumen auf:

$$\mathbf{V_{hyper}}=6\,\mathbf{E}\,\mathbf{h}=6\,\mathbf{E}\wedge\mathbf{h} \qquad \text{da } \mathbf{E}\perp\mathbf{h} \text{ und damit } \mathbf{E}\bullet\mathbf{h}=0$$

$$=6\,\mathbf{E}\wedge(-\,\mathbf{a}-\mathbf{p}) \qquad \text{mit Hilfe von Gl. (8.9)}$$

$$=-\,6\,\mathbf{E}\wedge\mathbf{a}-6\,\mathbf{E}\wedge\mathbf{p}=-\,6\,\mathbf{E}\wedge\mathbf{a} \qquad \text{da } \mathbf{E}\parallel\mathbf{p} \text{ und damit } \mathbf{E}\wedge\mathbf{p}=0$$

$$=-\,(\mathbf{a}\wedge\mathbf{b}\wedge\mathbf{c}+\mathbf{b}\wedge\mathbf{c}\wedge\mathbf{d}+\mathbf{c}\wedge\mathbf{d}\wedge\mathbf{a}+\mathbf{d}\wedge\mathbf{a}\wedge\mathbf{b})\wedge\mathbf{a}$$
mit Hilfe von Gl. (8.6)

$$=-\,\mathbf{b}\wedge\mathbf{c}\wedge\mathbf{d}\wedge\mathbf{a} \qquad \text{da } \mathbf{a}\wedge\mathbf{a}=0$$

$$=\mathbf{a}\wedge\mathbf{b}\wedge\mathbf{c}\wedge\mathbf{d}=24\,\mathbf{V} \qquad \text{Anti-Kommutativität} \qquad (8.33)$$

Jetzt können die einzelnen Sätze wieder in einer Übersicht (siehe Tabelle 3) zusammengestellt werden., wobei für rechtwinklige Tetraeder alle inneren Produkte aufgrund der Orthogonalität der orientierten Seitenvolumina **A**, **B**, **C** und **D** wegfallen.

Abschließend wieder eine Beispielaufgabe, die diese Beziehungen veranschaulichen soll: Bestimmen Sie die Seitenvektoren **a**, **b**, **c** und **d** eines **rechtwinkligen** Pentachorons, wenn die folgenden **senkrecht zueinander stehenden** Seitenvolumina gegeben sind:

$$\mathbf{A}=48\,\sigma_x\sigma_y\sigma_z+64\,\sigma_y\sigma_z\sigma_w \qquad \mathbf{B}=-\,32\,\sigma_x\sigma_y\sigma_z+24\,\sigma_y\sigma_z\sigma_w$$

$$\mathbf{C}=50\,\sigma_z\sigma_w\sigma_x \qquad \mathbf{D}=\frac{200}{3}\,\sigma_w\sigma_x\sigma_y$$

Bestimmen Sie darüber hinaus die Teilvolumina **P**, **Q**, **R** und **S** als Bruchteile des Grundvolumens **E**.

Und berechnen sie just for fun das Hypervolumen des Pentachorons.

Rechtwinklige Pentachora	Pentachora beliebiger Winkel
$\mathbf{E}^2 = \mathbf{A}^2 + \mathbf{B}^2 + \mathbf{C}^2 + \mathbf{D}^2$	$\mathbf{E}^2 = \mathbf{A}^2 + \mathbf{B}^2 + \mathbf{C}^2 + 2\,\mathbf{A} \bullet \mathbf{B} + 2\,\mathbf{A} \bullet \mathbf{C} + 2\,\mathbf{A} \bullet \mathbf{D} + 2\,\mathbf{B} \bullet \mathbf{C} + 2\,\mathbf{B} \bullet \mathbf{D} + 2\,\mathbf{C} \bullet \mathbf{D}$
Trivektorielle „Kathetensätze“	
$\mathbf{P\,E} = \mathbf{A}^2$	$\mathbf{P\,E} = \mathbf{A}^2 + \mathbf{A} \bullet \mathbf{B} + \mathbf{A} \bullet \mathbf{C} + \mathbf{A} \bullet \mathbf{D}$
$\mathbf{Q\,E} = \mathbf{B}^2$	$\mathbf{Q\,E} = \mathbf{B}^2 + \mathbf{A} \bullet \mathbf{B} + \mathbf{B} \bullet \mathbf{C} + \mathbf{B} \bullet \mathbf{D}$
$\mathbf{R\,E} = \mathbf{C}^2$	$\mathbf{R\,E} = \mathbf{C}^2 + \mathbf{A} \bullet \mathbf{C} + \mathbf{B} \bullet \mathbf{C} + \mathbf{C} \bullet \mathbf{D}$
$\mathbf{S\,E} = \mathbf{D}^2$	$\mathbf{S\,E} = \mathbf{D}^2 + \mathbf{A} \bullet \mathbf{D} + \mathbf{B} \bullet \mathbf{D} + \mathbf{C} \bullet \mathbf{D}$
Trivektorielle „Höhensätze“	
$\mathbf{P}\,(\mathbf{E} - \mathbf{P}) = \mathbf{H_P}^2$	$\mathbf{P}\,(\mathbf{E} - \mathbf{P}) = \mathbf{H_P}^2 + \mathbf{A} \bullet \mathbf{B} + \mathbf{A} \bullet \mathbf{C} + \mathbf{A} \bullet \mathbf{D}$
$\mathbf{Q}\,(\mathbf{E} - \mathbf{Q}) = \mathbf{H_Q}^2$	$\mathbf{Q}\,(\mathbf{E} - \mathbf{Q}) = \mathbf{H_Q}^2 + \mathbf{A} \bullet \mathbf{B} + \mathbf{B} \bullet \mathbf{C} + \mathbf{B} \bullet \mathbf{D}$
$\mathbf{R}\,(\mathbf{E} - \mathbf{R}) = \mathbf{H_R}^2$	$\mathbf{R}\,(\mathbf{E} - \mathbf{R}) = \mathbf{H_R}^2 + \mathbf{A} \bullet \mathbf{C} + \mathbf{B} \bullet \mathbf{C} + \mathbf{C} \bullet \mathbf{D}$
$\mathbf{S}\,(\mathbf{E} - \mathbf{S}) = \mathbf{H_S}^2$	$\mathbf{S}\,(\mathbf{E} - \mathbf{S}) = \mathbf{H_S}^2 + \mathbf{A} \bullet \mathbf{D} + \mathbf{B} \bullet \mathbf{D} + \mathbf{C} \bullet \mathbf{D}$
„Hyper-Volumensätze“	
$\mathbf{a\,b\,c\,d} = 6\,\mathbf{E\,h} = 24\,\mathbf{V}$	$\mathbf{a} \wedge \mathbf{b} \wedge \mathbf{c} \wedge \mathbf{d} = 6\,\mathbf{E\,h} = 24\,\mathbf{V}$

Tab. 3: Übersicht über die trivektorielle Verallgemeinerung der Satzgruppen von Pythagoras und von de Gua de Malves.

Bei der Lösung dieser Aufgabe ist zu beachten, dass es sich um ein rechtwinkliges Pentachoron handelt, so dass alle Seitenvektoren **a**, **b**, **c** und **d** senkrecht zueinander stehen. Dies hat zur Folge, dass die inneren Produkte dieser Vektoren Null sind und die äußeren Produkte damit den vollständigen geometrischen Produkten identisch sein müssen.

Die Seitenvolumina (8.2) bis (8.5) des rechtwinkligen Pentachorons und ihre Quadrate werden deshalb:

$$\mathbf{A} = \frac{1}{6}\,\mathbf{b} \wedge \mathbf{c} \wedge \mathbf{d} = \frac{1}{6}\,\mathbf{b\,c\,d} \qquad \mathbf{A}^2 = \frac{1}{36}\,\mathbf{b\,c\,d\,b\,c\,d} = -\frac{1}{36}\,\mathbf{b}^2\,\mathbf{c}^2\,\mathbf{d}^2 \tag{8.34}$$

$$\mathbf{B} = \frac{1}{6}\,\mathbf{c} \wedge \mathbf{d} \wedge \mathbf{a} = \frac{1}{6}\,\mathbf{b\,c\,d} \qquad \mathbf{B}^2 = \frac{1}{36}\,\mathbf{c\,d\,a\,c\,d\,a} = -\frac{1}{36}\,\mathbf{c}^2\,\mathbf{d}^2\,\mathbf{a}^2 \tag{8.35}$$

$$\mathbf{C} = \frac{1}{6}\,\mathbf{d} \wedge \mathbf{a} \wedge \mathbf{b} = \frac{1}{6}\,\mathbf{d\,a\,b} \qquad \mathbf{C}^2 = \frac{1}{36}\,\mathbf{d\,a\,b\,d\,a\,b} = -\frac{1}{36}\,\mathbf{d}^2\,\mathbf{a}^2\,\mathbf{b}^2 \quad (8.36)$$

$$\mathbf{D} = \frac{1}{6}\,\mathbf{a} \wedge \mathbf{b} \wedge \mathbf{c} = \frac{1}{6}\,\mathbf{a\,b\,c} \qquad \mathbf{D}^2 = \frac{1}{36}\,\mathbf{a\,b\,c\,a\,b\,c} = -\frac{1}{36}\,\mathbf{a}^2\,\mathbf{b}^2\,\mathbf{c}^2 \quad (8.37)$$

Aber Achtung: Diese Gleichsetzungen von äußeren und vollständigen Produkten in den Gleichungen (8.34) bis (8.37) ist nur erlaubt, weil die inneren Produkte der gegebenen Seitenvolumina

$$\mathbf{A} \bullet \mathbf{B} = -48 \cdot (-32) - 64 \cdot 24 = 0 \qquad \mathbf{A} \bullet \mathbf{C} = 0 \qquad \mathbf{A} \bullet \mathbf{D} = 0$$

$$\mathbf{B} \bullet \mathbf{C} = 0 \qquad \mathbf{B} \bullet \mathbf{D} = 0 \qquad \mathbf{C} \bullet \mathbf{D} = 0 \quad (8.38)$$

alle verschwinden, da sie senkrecht zueinander stehen. Deshalb stehen auch alle Seitenvektoren senkrecht zueinander und vertauschen infolgedessen in den Gleichungen (8.34) bis (8.37) streng anti-kommutativ. Die Berechnung der Seitenvektoren könnte nun mit Hilfe des Produkts dieser vier Seitenvolumina erfolgen,

$$\mathbf{A\,B\,C\,D} = \frac{1}{6^4}\,\mathbf{b\,c\,d\,c\,d\,a\,d\,a\,b\,a\,b\,c} = \frac{1}{6^4}\,\mathbf{a}^3\,\mathbf{b}^3\,\mathbf{c}^3\,\mathbf{d}^3 = \frac{1}{6^4}\,(\mathbf{a\,b\,c\,d})^3 \quad (8.39)$$

indem dieses Produkt (8.39) durch die Kuben der Seitenvolumina $\mathbf{A}^3$, $\mathbf{B}^3$, $\mathbf{C}^3$ und $\mathbf{D}^3$ dividiert wird. Rechnerisch einfacher wird es jedoch, wenn nur drei Seitenvolumina multipliziert werden,

$$\mathbf{A\,B\,C} = \frac{1}{6^3}\,\mathbf{b\,c\,d\,c\,d\,a\,d\,a\,b} = -\frac{1}{6^3}\,\mathbf{a}^2\,\mathbf{b}^2\,\mathbf{c}^2\,\mathbf{d}^2\,\mathbf{d} \quad (8.40)$$

$$\mathbf{B\,C\,D} = \frac{1}{6^3}\,\mathbf{c\,d\,a\,d\,a\,b\,a\,b\,c} = -\frac{1}{6^3}\,\mathbf{a}^2\,\mathbf{b}^2\,\mathbf{c}^2\,\mathbf{d}^2\,\mathbf{a} \quad (8.41)$$

$$\mathbf{C\,D\,A} = \frac{1}{6^3}\,\mathbf{d\,a\,b\,a\,b\,c\,b\,c\,d} = -\frac{1}{6^3}\,\mathbf{a}^2\,\mathbf{b}^2\,\mathbf{c}^2\,\mathbf{d}^2\,\mathbf{b} \quad (8.42)$$

$$\mathbf{D\,A\,B} = \frac{1}{6^3}\,\mathbf{a\,b\,c\,b\,c\,d\,c\,d\,a} = -\frac{1}{6^3}\,\mathbf{a}^2\,\mathbf{b}^2\,\mathbf{c}^2\,\mathbf{d}^2\,\mathbf{c} \quad (8.43)$$

so dass durch die Quadrate (8.34) bis (8.37) geteilt werden kann. Da diese Quadrate der Seitenvolumina Skalare sind, ergibt sich sofort:

$$\mathbf{A}^{-2}\,\mathbf{B\,C\,D} = \frac{1}{6}\,\mathbf{a}^3 = \frac{1}{6}\,\mathbf{a}^2\,\mathbf{a} \quad (8.44)$$

$$\mathbf{B}^{-2}\,\mathbf{C\,D\,A} = \frac{1}{6}\,\mathbf{b}^3 = \frac{1}{6}\,\mathbf{b}^2\,\mathbf{b} \quad (8.45)$$

$$\mathbf{C}^{-2}\,\mathbf{D\,A\,B} = \frac{1}{6}\,\mathbf{c}^3 = \frac{1}{6}\,\mathbf{c}^2\,\mathbf{c} \quad (8.46)$$

$$\mathbf{D}^{-2}\,\mathbf{A\,B\,C} = \frac{1}{6}\,\mathbf{d}^3 = \frac{1}{6}\,\mathbf{d}^2\,\mathbf{d} \quad (8.47)$$

Es werden also auch die Quadrate der Seitenvolumina benötigt:

$$\mathbf{A}^2 = -48^2 - 64^2 = -6400 \qquad \mathbf{B}^2 = -(-32)^2 - 24^2 = -1600$$

$$\mathbf{C}^2 = -50^2 = -2500 \qquad \mathbf{D}^2 = -\left(\frac{200}{3}\right)^2 = -\frac{40000}{9}$$

Die Kuben der Seitenvektoren (8.44) bis (8.47) können nun berechnet und zur Bestimmung der Seitenvektoren herangezogen werden.

Seitenvektor **a**:

$$\mathbf{B\,C\,D} = (-32\,\sigma_x\sigma_y\sigma_z + 24\,\sigma_y\sigma_z\sigma_w)\,\frac{10000}{3}\,\sigma_y\sigma_z = \frac{320000}{3}\,\sigma_x - 80000\,\sigma_w$$

$$\Rightarrow \quad \mathbf{A}^{-2}\,\mathbf{B\,C\,D} = -\frac{1}{6400}\left(\frac{320000}{3}\,\sigma_x - 80000\,\sigma_w\right) = \frac{25}{2}\,\sigma_w - \frac{50}{3}\,\sigma_x = \frac{1}{6}\,\mathbf{a}^3$$

$$\Rightarrow \quad \mathbf{a}^3 = 75\,\sigma_w - 100\,\sigma_x = 25\,(3\,\sigma_w - 4\,\sigma_x) = (3\,\sigma_w - 4\,\sigma_x)^3$$

$$\Rightarrow \quad \mathbf{a} = 3\,\sigma_w - 4\,\sigma_x$$

Seitenvektor **b**:

$$\mathbf{C\,D\,A} = \frac{10000}{3}\,\sigma_y\sigma_z\,(48\,\sigma_x\sigma_y\sigma_z + 64\,\sigma_y\sigma_z\sigma_w) = -160000\,\sigma_x - \frac{640000}{3}\,\sigma_w$$

$$\Rightarrow \quad \mathbf{B}^{-2}\,\mathbf{C\,D\,A} = -\frac{1}{1600}\left(-160000\,\sigma_x - \frac{640000}{3}\,\sigma_w\right) = \frac{400}{3}\,\sigma_w + 100\,\sigma_x = \frac{1}{6}\,\mathbf{b}^3$$

$$\Rightarrow \quad \mathbf{b}^3 = 800\,\sigma_w + 600\,\sigma_x = 100\,(8\,\sigma_w + 6\,\sigma_x) = (8\,\sigma_w + 6\,\sigma_x)^3$$

$$\Rightarrow \quad \mathbf{b} = 8\,\sigma_w + 6\,\sigma_x$$

Seitenvektor **c**:

$$\mathbf{D\,A\,B} = \frac{200}{3}\,\sigma_w\sigma_x\sigma_y\,(48 \cdot 24 + 64 \cdot 32)\,\sigma_w\sigma_x = -\frac{640000}{3}\,\sigma_y$$

$$\Rightarrow \quad \mathbf{C}^{-2}\,\mathbf{D\,A\,B} = -\frac{1}{2500}\left(-\frac{640000}{3}\,\sigma_y\right) = \frac{256}{3}\,\sigma_y = \frac{1}{6}\,\mathbf{c}^3$$

$$\Rightarrow \quad \mathbf{c}^3 = 512\,\sigma_y = 512\,\sigma_y^{\,3} \qquad \Rightarrow \quad \mathbf{c} = 8\,\sigma_y$$

Seitenvektor **d**:

$$\mathbf{A\,B\,C} = (48 \cdot 24 + 64 \cdot 32)\,\sigma_w\sigma_x\,(50\,\sigma_z\sigma_w\sigma_x) = -160000\,\sigma_z$$

$$\Rightarrow \quad \mathbf{D}^{-2}\,\mathbf{A\,B\,C} = -\frac{9}{40000}\,(-160000)\,\sigma_z = 36\,\sigma_z = \frac{1}{6}\,\mathbf{d}^3$$

$$\Rightarrow \quad \mathbf{d}^3 = 216\,\sigma_z = 216\,\sigma_z^{\,3} \qquad \Rightarrow \quad \mathbf{d} = 6\,\sigma_z$$

Mit Hilfe des Grundvolumens

$$\mathbf{E} = \mathbf{A} + \mathbf{B} + \mathbf{C} + \mathbf{D} = 16\ \sigma_x\sigma_y\sigma_z + 88\ \sigma_y\sigma_z\sigma_w + 50\ \sigma_z\sigma_w\sigma_x + \frac{200}{3}\ \sigma_w\sigma_x\sigma_y$$

und des trivektoriell verallgemeinerten Satzes von Pythagoras, der hier als Probe in der zweiten Zeile nachgerechnet wird,

$$\mathbf{E}^2 = -256 - 7744 - 2500 - \frac{40000}{9} = -\frac{134500}{9}$$

$$= \mathbf{A}^2 + \mathbf{B}^2 + \mathbf{C}^2 + \mathbf{D}^2 = -6400 - 1600 - 2500 - \frac{40000}{9} = -\frac{134500}{9}$$

ergeben sich die Teil-Volumina **P**, **Q**, **R** und **S** dann auf Grundlage der trivektoriell verallgemeinerten Kathetensätze zu:

$$\mathbf{P}\,\mathbf{E} = \mathbf{A}^2$$

$$\Rightarrow \quad \mathbf{P} = \mathbf{A}^2\,\mathbf{E}^{-1} = \frac{9 \cdot 6400}{134500}\left(16\ \sigma_x\sigma_y\sigma_z + 88\ \sigma_y\sigma_z\sigma_w + 50\ \sigma_z\sigma_w\sigma_x + \frac{200}{3}\ \sigma_w\sigma_x\sigma_y\right)$$

$$= \frac{9216}{1345}\ \sigma_x\sigma_y\sigma_z + \frac{50688}{1345}\ \sigma_y\sigma_z\sigma_w + \frac{28800}{1345}\ \sigma_z\sigma_w\sigma_x + \frac{38400}{1345}\ \sigma_w\sigma_x\sigma_y$$

$$= \frac{576}{1345}\ \mathbf{E}$$

$$\mathbf{Q}\,\mathbf{E} = \mathbf{B}^2$$

$$\Rightarrow \quad \mathbf{Q} = \mathbf{B}^2\,\mathbf{E}^{-1} = \frac{9 \cdot 1600}{134500}\left(16\ \sigma_x\sigma_y\sigma_z + 88\ \sigma_y\sigma_z\sigma_w + 50\ \sigma_z\sigma_w\sigma_x + \frac{200}{3}\ \sigma_w\sigma_x\sigma_y\right)$$

$$= \frac{2304}{1345}\ \sigma_x\sigma_y\sigma_z + \frac{12672}{1345}\ \sigma_y\sigma_z\sigma_w + \frac{7200}{1345}\ \sigma_z\sigma_w\sigma_x + \frac{9600}{1345}\ \sigma_w\sigma_x\sigma_y$$

$$= \frac{144}{1345}\ \mathbf{E}$$

$$\mathbf{R}\,\mathbf{E} = \mathbf{C}^2$$

$$\Rightarrow \quad \mathbf{R} = \mathbf{C}^2\,\mathbf{E}^{-1} = \frac{9 \cdot 2500}{134500}\left(16\ \sigma_x\sigma_y\sigma_z + 88\ \sigma_y\sigma_z\sigma_w + 50\ \sigma_z\sigma_w\sigma_x + \frac{200}{3}\ \sigma_w\sigma_x\sigma_y\right)$$

$$= \frac{3600}{1345}\ \sigma_x\sigma_y\sigma_z + \frac{19800}{1345}\ \sigma_y\sigma_z\sigma_w + \frac{11250}{1345}\ \sigma_z\sigma_w\sigma_x + \frac{15000}{1345}\ \sigma_w\sigma_x\sigma_y$$

$$= \frac{225}{1345}\ \mathbf{E}$$

$$\mathbf{S}\,\mathbf{E} = \mathbf{D}^2$$

$$\Rightarrow \quad \mathbf{S} = \mathbf{D}^2\,\mathbf{E}^{-1} = \frac{40000}{134500}\left(16\ \sigma_x\sigma_y\sigma_z + 88\ \sigma_y\sigma_z\sigma_w + 50\ \sigma_z\sigma_w\sigma_x + \frac{200}{3}\ \sigma_w\sigma_x\sigma_y\right)$$

$$= \frac{6400}{1345}\,\sigma_x\sigma_y\sigma_z + \frac{35200}{1345}\,\sigma_y\sigma_z\sigma_w + \frac{20000}{1345}\,\sigma_z\sigma_w\sigma_x + \frac{16000}{807}\,\sigma_w\sigma_x\sigma_y$$

$$= \frac{400}{1345}\,\mathbf{E}$$

Probe: $\mathbf{P} + \mathbf{Q} + \mathbf{R} + \mathbf{S} = \frac{576}{1345}\,\mathbf{E} + \frac{144}{1345}\,\mathbf{E} + \frac{225}{1345}\,\mathbf{E} + \frac{400}{1345}\,\mathbf{E} = \mathbf{E}$

Just for fun: Auch mit Hilfe des Hyper-Volumensatzes und Gleichung (8.39) oder mit Hilfe der bereits ermittelten Seitenvektoren **a**, **b**, **c** und **d** (siehe Probe) kann das Hypervolumen ermittelt werden.

$$6^4\,\mathbf{A\,B\,C\,D} = (\mathbf{a\,b\,c\,d})^3 = (6\,\mathbf{E}\,\mathbf{h})3 = (24\,\mathbf{V})^3 \tag{8.48}$$

$$\Rightarrow \quad \mathbf{V}^3 = \frac{3}{32}\,\mathbf{A\,B\,C\,D} = \frac{3}{32}\,(-\,160000\,\sigma_z)\,\frac{200}{3}\,\sigma_w\sigma_x\sigma_y = 1000000\,\sigma_w\sigma_x\sigma_y\sigma_z$$

$$\mathbf{V}^3 = 1000000\,(\sigma_w\sigma_x\sigma_y\sigma_z)^3 \quad \Rightarrow \quad \mathbf{V} = 100\,\sigma_w\sigma_x\sigma_y\sigma_z$$

Probe: $\mathbf{V} = \frac{1}{24}\,\mathbf{a\,b\,c\,d} = \frac{1}{24}\,(50\,\sigma_w\sigma_x)\,(48\,\sigma_y\sigma_z) = 100\,\sigma_w\sigma_x\sigma_y\sigma_z$

Übrigens lautet der Höhenvektor **h** dann:

$$\mathbf{h} = 4\,\mathbf{E}^{-1}\,\mathbf{V}$$

$$= \left(64\,\sigma_x\sigma_y\sigma_z + 352\,\sigma_y\sigma_z\sigma_w + 200\,\sigma_z\sigma_w\sigma_x + \frac{800}{3}\,\sigma_w\sigma_x\sigma_y\right)\left(-\frac{900}{134500}\,\sigma_w\sigma_x\sigma_y\sigma_z\right)$$

$$= -\frac{576}{1345}\,\sigma_w + \frac{3168}{1345}\,\sigma_x - \frac{1800}{1345}\,\sigma_y + \frac{2400}{1345}\,\sigma_z$$

Mit seiner Hilfe könnten die Teilvolumina **P**, **Q**, **R** und **S** ebenfalls bestimmt werden. Beispielsweise ergibt sich aus Gleichung (8.13) das bereits zuvor ermittelte Ergebnis für **S**:

$$\mathbf{S} = \frac{1}{6}\,(\mathbf{a} + \mathbf{h}) \wedge (\mathbf{a} + \mathbf{b}) \wedge (\mathbf{b} + \mathbf{c}) = \frac{1}{6}\,\mathbf{a\,b\,c} + \frac{1}{6}\,\mathbf{h} \wedge (\mathbf{a\,b} + \mathbf{a\,c} + \mathbf{b\,c})$$

$$= \frac{1}{6}\,400\,\sigma_w\sigma_x\sigma_y$$

$$+ \left(-\frac{96}{1345}\,\sigma_w + \frac{528}{1345}\,\sigma_x - \frac{300}{1345}\,\sigma_y + \frac{400}{1345}\,\sigma_z\right) \wedge (50\,\sigma_w\sigma_x + 88\,\sigma_w\sigma_y + 16\,\sigma_x\sigma_y)$$

$$= \frac{6400}{1345}\,\sigma_x\sigma_y\sigma_z + \frac{35200}{1345}\,\sigma_y\sigma_z\sigma_w + \frac{20000}{1345}\,\sigma_z\sigma_w\sigma_x + \frac{16000}{807}\,\sigma_w\sigma_x\sigma_y$$

$$= \frac{400}{1345}\,\mathbf{E}$$

9 Wie es weiter geht: Pseudo-Mathematik

Willkommen zurück im Labyrinth von David Bowie [27]. Wer sagt denn, dass dieses Labyrinth nur vierdimensional gewesen ist? Einem Kobold-König ist zuzutrauen, auch noch höhere Dimensionen zu formen. Und dann gilt: Es ist nichts so, wie es scheint. Die Vierdimensionalität hat dann keine Macht mehr über uns. Und die Dreidimensionalität erst recht nicht.

Aber was bleibt uns Menschen übrig, als trotzdem unsere dreidimensionalen Erklärungsmuster anzuwenden? Wir haben ja nichts anderes gelernt. Wir kennen doch nur Skalare, Vektoren, Bivektoren und auch noch Trivektoren. Und wenn wir ganz ehrlich sind, dann kennen wir eigentlich nur die Skalare, ganz normale Zahlen ohne Richtung, und Vektoren, also eindimensionale, gerichtete Linienelemente, wirklich gut. Damit kommen die meisten von uns irgendwie durchs Leben.

Und weil wir Menschen ziemlich bequem und auch ein bisschen faul sind, pressen wir Neues und noch Unbekanntes sehr oft einfach in bereits bekannte Muster. Diese Strategie klappt auch in der Mathematik recht gut.

Wenn wir uns also mit einem n-dimensionalen Raum konfrontiert sehen, nehmen wir höherdimensionale Objekte in diesem Raum und deuten sie einfach als Skalare und Vektoren um. Wir pressen sie in bekannte Muster. Es ist eine eingepresste Mathematik.

Unsere Mathematik wird dann zu einer Pseudo-Mathematik, und das ist ganz ernsthaft auch der Name, den die Mathematikerinnen und Mathematiker diesen höherdimensionalen Objekten tatsächlich gegeben haben. Pseudo-Mathematik ist nicht meine Erfindung. Es ist die Erfindung von Pseudo-Mathematikern, die keine Bivektoren oder Trivektoren mögen, sondern lieber mit eingepressten Skalaren, also Pseudo-Skalaren, und eingepressten Vektoren, also Pseudo-Vektoren, arbeiten.

In einem dreidimensionalen Raum haben wir ja genau $2^3 = 8$ Basiselemente: den Basisskalar 1, drei verschiedene Basisvektoren σ_x, σ_y und σ_z, drei verschiedene Basis-Bivektoren $\sigma_x\sigma_y$, $\sigma_y\sigma_z$ und $\sigma_z\sigma_x$ und einen Basis-Trivektor $\sigma_x\sigma_y\sigma_z$.

Es gibt dort also genau so viele Basisskalare wie Basis-Trivektoren (nämlich jeweils einen). Und es gibt im dreidimensionalen Raum genau so viele Basisvektoren wie Basis-Bivektoren (nämlich jeweils genau drei). Diese Dualität nutzen Pseudo-Mathematikerinnen und Pseudo-Mathematiker aus, indem sie jeden Bivektor in einen Pseudo-Vektor umpressen. Und jeder Trivektor wird in ein Pseudo-Skalar umgepresst.

Dieses Umpressen, Mathematiker nennen es lieber „Dualbildung“, geschieht mit Hilfe des Einheits-Pseudo-Skalars. Das Einheits-Pseudo-Skalar eines n-dimensionalen Raums ist immer das größte Einheits-Hyper-Volumenelement, das existiert.

Im dreidimensionalen Raum ist es somit das dreidimensionale orientierte Volumenelement $\mathbf{I}_3$, das sich als Produkt aus den drei Basisvektoren σ_x, σ_y und σ_z zusammensetzt:

$$\mathbf{I}_3 = \sigma_x\sigma_y\sigma_z \tag{9.1}$$

Und jetzt pressen wir ganz einfach ein beliebiges dreidimensionales orientiertes Volumenelement $\mathbf{V}_3 = V\ \sigma_x\sigma_y\sigma_z$ in einen Pseudo-Skalar um, indem wir einfach die Schreibweise ändern:

$$\mathbf{V}_3 = V\ \sigma_x\sigma_y\sigma_z = V\ \mathbf{I}_3\ 1 \tag{9.2}$$

Das ist alles. Wir ändern einfach Schreibung und Namen und schon haben wir – schwubsdiwupps – aus einer dreidimensionalen Größe eine nulldimensionale Größe herbeigeschummelt. Diese Größe ist Vielfaches der Zahl 1 und sieht deshalb wie ein Skalar aus. Das mögen Pseudo-Mathematiker. Es ist zwar ein dreidimensionales Volumen, sieht aber aus wie eine dimensionslose normale Zahl.

Ganz ähnlich pressen Pseudo-Mathematiker orientierte Flächenstücke eines dreidimensionalen Raums, also Bivektoren, in Vektoren um. Ausgehend von Gleichung (4.3) $\mathbf{A}_3 = A_{xy}\ \sigma_x\sigma_y + A_{yz}\ \sigma_y\sigma_z + A_{zx}\ \sigma_z\sigma_x$ ändern wir Schreibung und Namen und erhalten – schwuppsdiwupps – eine Größe,

$$\begin{aligned} \mathbf{A}_3 &= A_{xy}\ \sigma_x\sigma_y + A_{yz}\ \sigma_y\sigma_z + A_{zx}\ \sigma_z\sigma_x \\ &= A_{xy}\ \sigma_x\sigma_y\sigma_z\sigma_z + A_{yz}\ \sigma_y\sigma_z\sigma_x\sigma_x + A_{zx}\ \sigma_z\sigma_x\sigma_y\sigma_y \\ &= A_{yz}\ \mathbf{I}_3\ \sigma_x + A_{zx}\ \mathbf{I}_3\ \sigma_y + A_{xy}\ \mathbf{I}_3\ \sigma_z \end{aligned} \tag{9.3}$$

die aussieht, als sei sie eine Linearkombination aus den drei Basisvektoren σ_x, σ_y und σ_z. Das ist zwar nur eine optische Täuschung: Wir erhalten gar keinen echten Vektor der Gleichung $\mathbf{r}_3 = x\ \sigma_x + y\ \sigma_y + z\ \sigma_z$ mit skalaren Koeffizienten x, y und z, weil die Koeffizienten in Gleichung (9.3) eben keine Skalare sind. Wir erhalten lediglich einen Pseudo-Vektor mit ganz komischen, imaginären Koeffizienten $A_{yz}\ \mathbf{I}_3$, $A_{zx}\ \mathbf{I}_3$ und $A_{xy}\ \mathbf{I}_3$ vor den drei Basisvektoren σ_x, σ_y und σ_z.

Aber Pseudo-Mathematiker lieben diese optische Täuschung. Denn nun können sie beispielsweise den verallgemeinerten Satz von de Gua de Malves pseudo-vektoriell formulieren:

$$\mathbf{D}_3^2 = (\mathbf{A}_3 + \mathbf{B}_3 + \mathbf{C}_3)^2 = \mathbf{A}_3^2 + \mathbf{B}_3^2 + \mathbf{C}_3^2 + 2\ \mathbf{A}_3 \bullet \mathbf{B}_3 + 2\ \mathbf{B}_3 \bullet \mathbf{C}_3 + 2\ \mathbf{C}_3 \bullet \mathbf{A}_3 \tag{9.4}$$

Dieser verallgemeinerte Satz von de Gua de Malves (9.4) sieht immer noch genau so aus wie Gleichung (5.6). Aber Pseudo-Mathematiker lesen ihn anders. Sie sagen:

Das Quadrat der Summe aller Pseudovektoren ergibt
das Quadrat des Grund-Pseudovektors. (9.5)

Wir Normalsterblich würden stattdessen natürlich sagen:

Das Quadrat der Summer aller orientierten Seitenflächen ergibt
das Quadrat der orientierten Grundfläche. (9.6)

Das sieht aus wie ein komischer Hokuspokus und reine semantische Haarspalterei. Doch die neue Pseudo-Sprechweise hat einen Vorteil, den wir erkennen, wenn wir uns den vierdimensionalen Fall anschauen.

Die bisherigen Gleichungen (9.1) bis (9.4) gelten ja nur für den dreidimensionalen Raum. Deshalb ist dort überall als Index auch die Zahl 3 zu finden.

Jetzt steigen wir eine Dimension höher und betrachten den vierdimensionalen Raum. Unsere Größen erhalten dann als Index die kleine Zahl 4.

Da das Einheits-Pseudo-Skalar immer das größtmögliche Einheits-Hyper-Volumenelement ist, wird es im vierdimensionalen Raum als Produkt der vier Basisvektoren σ_w, σ_x, σ_y und σ_z gebildet:

$$\mathbf{I}_4 = \sigma_w\sigma_x\sigma_y\sigma_z \tag{9.7}$$

Und damit pressen wir ein beliebiges vierdimensionales orientiertes Hyper-Volumenelement $\mathbf{V}_4 = V\ \sigma_w\sigma_x\sigma_y\sigma_z$ in einen Pseudo-Skalar um, indem wir einfach wieder die Schreibweise ändern:

$$\mathbf{V}_4 = V\ \sigma_w\sigma_x\sigma_y\sigma_z = V\ \mathbf{I}_4\ 1 \tag{9.8}$$

Das ist alles. Wir ändern einfach Schreibung und Namen und schummeln aus einer vierdimensionalen Größe eine nulldimensionale Größe herbei. Diese Größe ist Vielfaches der Zahl 1 und sieht deshalb so aus wie ein Skalar. Pseudo-Mathematiker mögen das. Es ist zwar ein vierdimensionales Hypervolumen, sieht aber aus wie eine dimensionslose normale Zahl.

Und nun pressen wir orientierte dreidimensionale Volumenelemente, also Trivektoren, eines nun vierdimensionalen Raums in Vektoren um. Ausgehend von Gleichung (7.2) $\mathbf{V}_4 = V_{wxy}\ \sigma_w\sigma_x\sigma_y + V_{xyz}\ \sigma_x\sigma_y\sigma_z + V_{yzw}\ \sigma_y\sigma_z\sigma_w + V_{zwx}\ \sigma_z\sigma_w\sigma_x$ ändern wir Schreibung und Namen und erhalten eine Größe,

$$\mathbf{V}_4 = V_{wxy}\,\sigma_w\sigma_x\sigma_y + V_{xyz}\,\sigma_x\sigma_y\sigma_z + V_{yzw}\,\sigma_y\sigma_z\sigma_w + V_{zwx}\,\sigma_z\sigma_w\sigma_x$$
$$= V_{wxy}\,\sigma_w\sigma_x\sigma_y\sigma_z\sigma_z + V_{xyz}\,\sigma_x\sigma_y\sigma_z\sigma_w\sigma_w + V_{yzw}\,\sigma_y\sigma_z\sigma_w\sigma_x\sigma_x + V_{zwx}\,\sigma_z\sigma_w\sigma_x\sigma_y\sigma_y$$
$$= V_{wxy}\,\sigma_w\sigma_x\sigma_y\sigma_z\sigma_z - V_{xyz}\,\sigma_w\sigma_x\sigma_y\sigma_z\sigma_w + V_{yzw}\,\sigma_w\sigma_x\sigma_y\sigma_z\sigma_x - V_{zwx}\,\sigma_w\sigma_x\sigma_y\sigma_z\sigma_y$$
$$= -\,V_{xyz}\,\mathbf{I}_4\,\sigma_w + V_{yzw}\;\mathbf{I}_4\,\sigma_x - V_{zwx}\,\mathbf{I}_4\,\sigma_y + V_{wxy}\,\sigma_z \qquad (9.9)$$

die aussieht, als sei sie eine Linearkombination der vier Basisvektoren σ_w, σ_x, σ_y und σ_z. Das ist zwar eine optische Täuschung: Wir erhalten gar keinen echten Vektor der Gleichung $\mathbf{r}_4 = w\,\sigma_w + x\,\sigma_x + y\,\sigma_y + z\,\sigma_z$ mit skalaren Koeffizienten w, x, y und z, weil die Koeffizienten in Gleichung (9.9) eben keine Skalare sind. Wir erhalten lediglich einen Pseudo-Vektor mit ganz komischen Pseudo-Koeffizienten $-\,V_{xyz}\,\mathbf{I}_4$ und $V_{yzw}\;\mathbf{I}_4$ und $-\,V_{zwx}\,\mathbf{I}_4$ und V_{wxy} vor den vier Basisvektoren σ_w, σ_x, σ_y und σ_z.

Diese komischen Pseudo-Koeffizienten vierdimensionaler Pseudo-Vektoren sind nun nicht einmal mehr imaginär, sondern reell, denn sie quadrieren ja zu plus Eins

$$\mathbf{I}_3^2 = \sigma_x\sigma_y\sigma_z\sigma_x\sigma_y\sigma_z = -\,1 \qquad \mathbf{I}_4^2 = \sigma_w\sigma_x\sigma_y\sigma_z\sigma_w\sigma_x\sigma_y\sigma_z = 1 \qquad (9.10)$$

im Gegensatz zu den Pseudo-Koeffizienten dreidimensionaler Pseudo-Vektoren, die negativ quadrieren.

Der vierdimensional verallgemeinerte Satz von Pythagoras bzw. von de Gua de Malves lautet pseudo-vektoriell natürlich immer noch:

$$\mathbf{E}_4^2 = (\mathbf{A}_4 + \mathbf{B}_4 + \mathbf{C}_4 + \mathbf{D}_4)^2$$
$$= \mathbf{A}_4^2 + \mathbf{B}_4^2 + \mathbf{C}_4^2 + \mathbf{D}_4^2 + 2\,\mathbf{A}_4 \bullet \mathbf{B}_4 + 2\,\mathbf{A}_4 \bullet \mathbf{C}_4 + 2\,\mathbf{A}_4 \bullet \mathbf{D}_3 \qquad (9.11)$$
$$+ 2\,\mathbf{B}_4 \bullet \mathbf{C}_4 + 2\,\mathbf{B}_4 \bullet \mathbf{D}_4 + 2\,\mathbf{C}_4 \bullet \mathbf{D}_4$$

Dieser vierdimensional verallgemeinerte Satz von Pythagoras bzw. von de Gua de Malves (9.11) sieht immer noch genau so aus wie Gleichung (8.7). Aber Pseudo-Mathematiker lesen ihn anders. Sie sagen:

> Das Quadrat der Summe aller Pseudovektoren ergibt
> das Quadrat des Grund-Pseudovektors. (9.12)

Wir Normalsterblich würden stattdessen natürlich sagen:

> Das Quadrat der Summer aller orientierten Seitenvolumina ergibt
> das Quadrat des orientierten Grundvolumens. (9.13)

Und nun erkennen wir, wohin uns diese sprachliche Umformung führt: Die Pseudo-Formulierungen für den dreidimensionalen Fall von Gleichung (9.5) und für den vierdimensionalen Fall von Gleichung (9.12) sind vollkommen identisch, während sich die Formulierungen von uns Normalsterblichen in Form der Gleichungen (9.6) und (9.13) deutlich unterscheiden.

Die Formulierung der Pseudo-Gleichungen (9.5) und (9.12) ist aber noch wirkmächtiger: Sie gilt nicht nur für den drei- und vierdimensionalen Fall, sondern sie gilt auch für alle höherdimensionalen Fälle. Sie gilt in jedem n-dimensionalen Raum. Sie gilt immer.

Es ist also möglich, die Satzgruppe des Pythagoras für Räume beliebiger Dimension zu formulieren.

10 Zugabe: Im Vierdimensionalen ist viel Platz

Wie groß ist das Labyrinth von David Bowie, das Sarah auf der Suche nach Toby durchquert? Da passieren ja auch lustige Dinge. Es sieht so aus, als ob David Bowie durch Sarah hindurchschreitet. Er ist scheinbar an ihrer Stelle, ohne wirklich an ihrer Stelle zu sein. Es muss also ein vierdimensionales oder vielleicht auch fünfdimensionales Labyrinth sein.

Und Sarah kann in diesem Labyrinth atmen. Egal, in welche Richtung sie geht oder blickt, ihre dreidimensionalen Lungen füllen sich dreidimensional gesehen immer mit ausreichend Luft.

Wie groß ist also das Labyrinth, in dem sich Sarah und David Bowie befinden? Wir viel Luft passt dort hinein?

In einer Überschlagsrechnung können wir eine Antwort abschätzen. Diese Antwort wird nur eine Näherung sein können, da wir einige vereinfachende Annahmen machen werden, um unsere Rechnung nicht zu kompliziert zu gestalten.

Dazu schauen wir uns erst einmal an, was Luft überhaupt ist. Näherungsweise besteht Luft zu 80 % aus Stickstoff und zu 20 % aus Sauerstoff. Diese beiden Stoffe liegen bei Normalbedingungen gasförmig vor und bestehen jeweils aus zwei Atomen.

Zuerst zum Stickstoff: Ein normales Stickstoffatom besteht aus 7 Protonen und 7 Neutronen und wiegt deshalb

$$m_N = 14 \text{ atomare Masseneinheiten} = 14 \cdot 1{,}66 \cdot 10^{-27}\text{ kg} = 2{,}324 \cdot 10^{-26}\text{ kg}$$

Da sich die Stickstoffatome im gasförmigen Zustand jedoch zu Molekülen aus je zwei Atomen verbinden, wiegt ein Stickstoffmolekül insgesamt

$$m_{N_2} = 2 \cdot m_N = 28 \text{ atomare Masseneinheiten} = 4{,}65 \cdot 10^{-26}\text{ kg}$$

wenn wir großzügig runden.

Nun zum Sauerstoff: Ein normales Sauerstoffatom besteht aus 8 Protonen und 8 Neutronen und wiegt deshalb

$$m_O = 16 \text{ atomare Masseneinheiten} = 16 \cdot 1{,}66 \cdot 10^{-27}\text{ kg} = 2{,}656 \cdot 10^{-26}\text{ kg}$$

Auch Sauerstoffatome verbinden sich im gasförmigen Zustand zu Molekülen aus je zwei Atomen, so dass ein Sauerstoffmolekül gerundet insgesamt

$$m_{O_2} = 2 \cdot m_O = 32 \text{ atomare Masseneinheiten} = 5{,}31 \cdot 10^{-26}\text{ kg}$$

wiegt. In Luft wiegt also ein Molekül durchschnittlich

$$m_{Luft} = 0{,}8 \cdot m_{N_2} + 0{,}2 \cdot m_{O_2}$$
$$= 28{,}8 \text{ atomare Masseneinheiten} = 4{,}78 \cdot 10^{-26}\text{ kg}$$

Nun zu den Normalbedingungen: In der Physik und Chemie spricht man von „Normalbedingungen“, wenn ein Luftdruck von $p = 1013$ hPa $= 1{,}013 \cdot 10^5$ N/m^2 und eine Temperatur von $T = 0°C = 273{,}15$ K herrschen. Dann befinden sich in einem Volumen von

$$V_{mol} = 22{,}414\text{ dm}^3 = 2{,}2414 \cdot 10^{-2}\text{ m}^3$$

genau

$$N_A = 6{,}023 \cdot 10^{23}\text{ mol}^{-1}$$

Moleküle. Diese Konstante beschreibt die Stoffmenge von einem Mol ($\nu = 1$ mol) und wurde nach Avogadro benannt. Die Konstante V_{mol} wird deshalb auch als Molvolumen bezeichnet.

Alle diese Angaben beziehen sich natürlich auf den dreidimensionalen Raum, in dem wir leben.

Um uns eine Bild von diesem Raum zu machen, fangen wir jedoch erst einmal ganz einfach eindimensional an.

Die eindimensionale Luft können wir uns als beliebige, eindimensionale Anordnung von Stickstoffatomen und Sauerstoffatomen auf einer geraden Linie vorstellen, wobei viermal so viele Stickstoffmoleküle (80%) im Vergleich zu Sauerstoffmolekülen (20 %) vorhanden sind.

Normalerweise bewegen sich Atome eines Gases unterschiedlich schnell. Sie kommen sich dabei mal näher, mal stoßen sie zusammen und mal entfernen sie sich voneinander. Wir könnten dies berücksichtigen, indem wir die diesen unterschiedlichen Geschwindigkeiten zugrunde liegende Maxwell-Verteilung annehmen und dann über alle möglichen Abstände integrieren, um so einen durchschnittlichen Abstand r auszurechnen.

Das aber ist kompliziert. Deshalb nehmen wir ganz naiv einen durchschnittlichen Abstand von $r = 3{,}75$ nm $= 3{,}75 \cdot 10^{-9}$ m an. Mit anderen Worten: Wir raten den durchschnittlichen Molekülabstand, werden aber nachher feststellen, dass unser geratener Wert im Rahmen unser naiven Näherung recht sinnvoll ist.

Abb. 20: Schematische Darstellung der Moleküle eindimensionaler Luft.

In Abbildung 20 ist also eine durchschnittliche Abstandssituation dargestellt, nicht die tatsächliche physikalische Situation. Wir machen das, um ein Gefühl für die Dichte der Sauerstoff- und Stickstoffmoleküle zu erhalten. In Wahrheit flitzen alle Moleküle ja wie wild hin und her und stoßen in Linienrichtung andauernd mit ihren Nachbarn zusammen. Deshalb müssten wir die Moleküle eigentlich mit einer eindimensionalen Dichte von

$$\rho_1 = \frac{4{,}78 \cdot 10^{-26}\,\mathrm{kg}}{3{,}75 \cdot 10^{-9}\,\mathrm{m}} = 1{,}27 \cdot 10^{-17}\,\frac{\mathrm{kg}}{\mathrm{m}}$$

über die gesamte Linie verschmiert einzeichnen.

Unser naives Modell nutzen wir jetzt jedoch, um den Sprung in die Fläche und damit in die zweite Dimension zu wagen. Doch wo sollten die Moleküle außerhalb der Linie von Abbildung 20 dann platziert werden? Eine naheliegende Möglichkeit ist, das Prinzip des durchschnittlichen Abstands auch auf die nun in der gesamten Fläche befindlichen Moleküle anzuwenden.

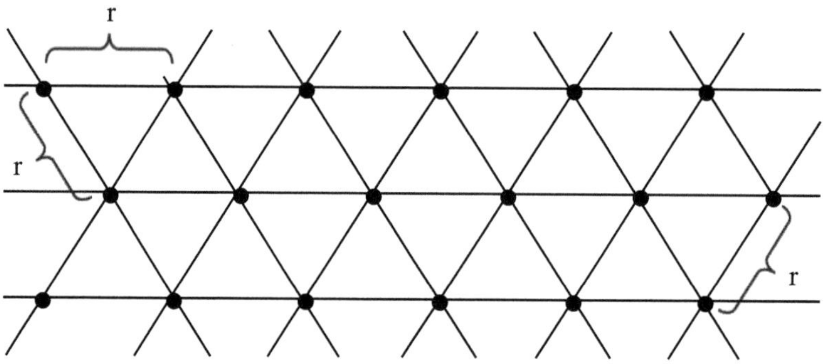

Abb. 21: Schematische Darstellung der Moleküle zweidimensionaler Luft.

In Abbildung 21 ist wieder eine durchschnittliche Abstandssituation dargestellt. Tatsächlich flitzen die Moleküle alle hin und her, so dass wir hier eine zweidimensionale, über die gesamte Fläche verschmierte durchschnittliche Moleküldichte von

$$\rho_2 = \frac{4{,}78 \cdot 10^{-26}\text{kg}}{(3{,}75 \cdot 10^{-9})^2\ \text{m}^2\ \sqrt{0{,}75}} = 3{,}92 \cdot 10^{-9}\ \frac{\text{kg}}{\text{m}^2}$$

haben. Jedem Molekül steht ja durchschnittlich ein Flächenstück von

$$V_2 = A = r^2 \sin 60° = \tfrac{1}{2}\sqrt{3}\, r^2$$

zur Verfügung, das durch die Rauten mit Innenwinkel von 60° in Abbildung 22 gegeben ist.

Dieses Vorgehen verallgemeinern wir jetzt auf drei Dimensionen, so dass wir ein naives Modell für unsere eigene Welt erhalten. Wieder positionieren wir die weiteren Moleküle so, dass sie einen identischen durchschnittlichen Abstand zu den Nachbarmolekülen in der unter ihnen liegenden Ebene haben. Die durchschnittlichen Molekülpositionen von drei benachbarten Molekülen der in Abbildung 21 eingezeichneten unteren Ebene und einem Molekül direkt über ihnen in der nächsthöheren Ebene bilden somit ein gleichseitiges Tetraeder.

Die Höhe eines gleichseitigen Tetraeders kann mit Hilfe der Gleichungen der Satzgruppe von de Gua de Malves von Tabelle 2 leicht bestimmt werden. Da alle Kantenvektoren gleich lang

$$a = b = c = d = e = f = |\mathbf{a}| = |\mathbf{b}| = |\mathbf{c}| = |\mathbf{d}| = |\mathbf{e}| = |\mathbf{f}| = r$$

und alle Seitenflächen gleich groß

$$A = B = C = D = |\mathbf{A}| = |\mathbf{B}| = |\mathbf{C}| = |\mathbf{D}| = \tfrac{1}{4}\sqrt{3}\, r^2$$

sind, gilt aufgrund des bivektoriellen Satzes von de Gua de Malves (5.6):

$$\mathbf{A}^2 = \mathbf{B}^2 = \mathbf{C}^2 = \mathbf{D}^2 = \tfrac{3}{16}\, r^4$$

$$\Rightarrow \qquad \mathbf{A} \bullet \mathbf{B} = \mathbf{B} \bullet \mathbf{C} = \mathbf{C} \bullet \mathbf{A} = -\tfrac{1}{3}\mathbf{A}^2 = -\tfrac{1}{16}\, r^4$$

Ebenfalls gleich groß sind alle Teilflächen der Grundfläche **D**:

$$\mathbf{P} = \mathbf{Q} = \mathbf{R} = \tfrac{1}{3}\mathbf{D}$$

$$\Rightarrow \qquad \mathbf{P}\,\mathbf{D} = \mathbf{Q}\,\mathbf{D} = \mathbf{R}\,\mathbf{D} = \tfrac{1}{3}\mathbf{D}^2 = \tfrac{1}{3}\mathbf{A}^2 = \tfrac{1}{16}\, r^4$$

$$\Rightarrow \qquad \mathbf{P}^2 = \mathbf{Q}^2 = \mathbf{R}^2 = \tfrac{1}{9}\mathbf{D}^2 = \tfrac{1}{9}\mathbf{A}^2 = \tfrac{1}{48}\, r^4$$

Daraus folgt mit Hilfe der verallgemeinerten Höhensätze (5.26), (5.27) & (5.28):

$$\mathbf{H_P}^2 = \mathbf{H_Q}^2 = \mathbf{H_R}^2 = \mathbf{P\,D} - \mathbf{P}^2 - \mathbf{C} \bullet \mathbf{A} - \mathbf{A} \bullet \mathbf{B}$$

$$= \frac{1}{16}\,r^4 - \frac{1}{48}\,r^4 + \frac{2}{16}\,r^4 = \frac{8}{48}\,r^4 = \frac{1}{6}\,r^4$$

$$\Rightarrow \qquad H_P = H_Q = H_R = |\,\mathbf{H_P}\,| = |\,\mathbf{H_Q}\,| = |\,\mathbf{H_R}\,| = \frac{1}{6}\sqrt{6}\,r^2$$

Mit Hilfe der Gleichung (5.10) $\mathbf{H_P} = 0{,}5\ \mathbf{h} \wedge \mathbf{e} = 0{,}5\ \mathbf{h}\ \mathbf{e}$ folgt aufgrund der Orthogonalität von Höhenvektor und Kantenvektoren der Grundfläche $\mathbf{h} \perp \mathbf{e}$ für den Betrag des Höhenvektors **h**:

$$H_P = \frac{1}{2}\,h\,e = \frac{1}{2}\,h\,r = \frac{1}{6}\sqrt{6}\,r^2 \qquad \Rightarrow \qquad h = \frac{1}{3}\sqrt{6}\,r = \sqrt{\frac{2}{3}}\,r$$

Dies ist die Höhe des gleichseitigen Tetraeders und damit der Abstand der beiden Molekülebenen, so dass für jedes Molekül in der Luft dreidimensional durchschnittlich ein Volumen von

$$V_3 = V_2\,h = r^2 \sin 60°\ h = \frac{1}{2}\sqrt{2}\,r^3$$

zur Verfügung steht. Da das Molvolumen V_{mol} und die Anzahl der Moleküle pro Mol über die Avogadro-Konstante N_A bekannt sind, muss dieses durchschnittliche Molekülvolumen V_3 mit dem Quotienten

$$V_3 = \frac{V_{mol}}{N_A} = \frac{2{,}2414 \cdot 10^{-2}\ m^3/mol}{6{,}023 \cdot 10^{23}/mol} = 3{,}721 \cdot 10^{-26}\ m^3$$

übereinstimmen. Damit lässt sich der durchschnittliche Molekülabstand r aus diesen bekannten Größen berechnen:

$$r = \sqrt[3]{\sqrt{2}\,V_3} = 3{,}75 \cdot 10^{-9}\ m = 3{,}75\ nm$$

Dies entspricht genau dem Wert, der bereits im ein- und zweidimensionalen Fall verwendet wurde. Damit ergibt sich für die durchschnittliche Dichte von Luft,

$$\rho_3 = \frac{m_{Luft}}{V_3} = \frac{4{,}78 \cdot 10^{-26}kg}{3{,}721 \cdot 10^{-26}\ m^3} = 1{,}28\ \frac{kg}{m^3}$$

die auch mit dem bekannten Literaturwert übereinstimmt.

Wie groß ist nun das Labyrinth von David Bowie und wie viel Luft passt in dieses Labyrinth hinein? Die genaue Größe kennen wir nicht, aber ganz so klein ist es nicht, und mit einem geschätzten Wert für Länge, Breite, Höhe, etc. von ca. 20 m können wir gut rechnen.

Wenn dieses Labyrinth würfelförmig und dreidimensional wäre (was es offenkundig nicht ist), hätten wir ein dreidimensionales Volumen von

$$V_{Lab3} = (20\ m)^3 = 8000\ m^3$$

Damit wäre bei Normalbedingungen in diesem Labyrinth Luft der Masse

$$M_{Luft3} = \rho_3\ V_{lab3} = 1{,}28\ \frac{kg}{m^3} \cdot 8000\ m^3 = 10\,240\ kg$$

enthalten.

Doch das Labyrinth von David Bowie ist nicht würfelförmig und dreidimensional, sondern hyperwürfelförmig und vierdimensional. Es ist ein Tesserakt.

Also besitzt es neben Länge, Breite und Höhe noch eine vierte Ausdehnungsrichtung, so dass sich die Luft in einem vierdimensionalen Hyper-Volumen der Größe

$$V_{Lab4} = (20\ m)^4 = 160\,000\ m^4$$

befindet. Es sieht also so aus, als ob das vierdimensionale Volumen 20 mal so groß ist, so dass dann $20 \cdot 10\,240$ kg = 204 800 kg = 204,8 t Luft in dieses Labyrinth passen. Doch das täuscht! Das Labyrinth ist vierdimensional, uns es passt sehr viel mehr Luft hinein, wie wir gleich sehen werden.

Dazu verallgemeinern wir unser naives Modell der durchschnittlichen Molekülabstände, indem wir von den tetraederförmig angeordneten durchschnittlichen Molekülpositionen in eine vierte Richtung gehen und dort weitere Moleküle platzieren. Diese Moleküle sollten dann wieder den gleichen durchschnittlichen Abstand r zu den vier ursprünglichen Molekülen jedes Tetraeders haben.

Diese dann fünf gleichweit voneinander entfernten Moleküle bilden somit ein gleichseitiges Pentachoron. Die Höhe dieses gleichseitigen Pentachorons mit Kantenlänge r gibt dann den Abstand der dreidimensionalen Volumina (also den Abstand sogenannter Hyperebenen) in der vierten Richtung voneinander an.

Wir berechnen diese Höhe mit Hilfe der vierdimensional verallgemeinerten Satzgruppe von Pythagoras bzw. von de Gua de Malves. Da alle Kantenvektoren gleich lang sind, gilt:

$$|\mathbf{a}| = |\mathbf{b}| = |\mathbf{c}| = |\mathbf{d}| = |\mathbf{e}| = |\mathbf{f}| = |\mathbf{g}| = |\mathbf{j}| = |\mathbf{k}| = |\boldsymbol{l}| = r$$

Ebenso sind alle Seitenvolumina gleich groß. Dieses Volumen ist ja das Volumen gleichseitiger Tetraeder mit der Kantenlänge r, also ein Sechstel des Volumens V_3:

$$|\mathbf{A}| = |\mathbf{B}| = |\mathbf{C}| = |\mathbf{D}| = |\mathbf{E}| = \frac{1}{6} V_3 = \frac{1}{12}\sqrt{2}\, r^3$$

Die Quadrate dieser Volumina betragen dann:

$$\mathbf{A}^2 = \mathbf{B}^2 = \mathbf{C}^2 = \mathbf{D}^2 = \mathbf{E}^2 = \frac{1}{72} r^6$$

Aus Gleichung (8.7) $\mathbf{A}^2 = 4\,\mathbf{A}^2 + 12\,\mathbf{A} \bullet \mathbf{B}$ folgt somit

$$\mathbf{A} \bullet \mathbf{B} = \mathbf{A} \bullet \mathbf{C} = \mathbf{A} \bullet \mathbf{D} = \mathbf{B} \bullet \mathbf{C} = \mathbf{B} \bullet \mathbf{D} = \mathbf{C} \bullet \mathbf{D} = -\frac{1}{4}\mathbf{A}^2 = -\frac{1}{288} r^6$$

Ebenfalls gleich groß sind alle Teilvolumina des Grundvolumens **E**:

$$\mathbf{P} = \mathbf{Q} = \mathbf{R} = \mathbf{S} = \frac{1}{4}\mathbf{E}$$

$$\Rightarrow \qquad \mathbf{P\,E} = \mathbf{Q\,E} = \mathbf{R\,E} = \mathbf{S\,E} = \frac{1}{4}\mathbf{E}^2 = \frac{1}{4}\mathbf{A}^2 = \frac{1}{288} r^6$$

$$\Rightarrow \qquad \mathbf{P}^2 = \mathbf{Q}^2 = \mathbf{R}^2 = \mathbf{S}^2 = \frac{1}{16}\mathbf{E}^2 = \frac{1}{16}\mathbf{A}^2 = \frac{1}{1152} r^6$$

Daraus folgt mit Hilfe der verallgemeinerten trivektoriellen Höhensätze (8.29), (8.30), (8.31) & (8.32):

$$\mathbf{H_P}^2 = \mathbf{H_Q}^2 = \mathbf{H_R}^2 = \mathbf{H_S}^2 = \mathbf{P\,E} - \mathbf{P}^2 - 3\,\mathbf{A} \bullet \mathbf{B}$$

$$= \frac{1}{288} r^6 - \frac{1}{1152} r^6 + \frac{3}{288} r^6 = \frac{15}{1152} r^6 = \frac{5}{384} r^6$$

$$\Rightarrow \qquad |\mathbf{H_P}| = |\mathbf{H_Q}| = |\mathbf{H_R}| = |\mathbf{H_S}| = \frac{1}{48}\sqrt{30}\, r^3$$

Mit Hilfe von Gleichung (8.15) $\mathbf{H_P} = 1/6\ \mathbf{h} \wedge (\mathbf{b} \wedge \mathbf{c} + \mathbf{b} \wedge \mathbf{d} + \mathbf{c} \wedge \mathbf{d})$ folgt aufgrund der Orthogonalität des Höhenvektors **h** zur orientierten Fläche $(\mathbf{b} \wedge \mathbf{c} + \mathbf{b} \wedge \mathbf{d} + \mathbf{c} \wedge \mathbf{d})$ für den Betrag des Höhenvektors **h**:

$$H_P = \frac{1}{6} h\, r^2 \sin 60° = \frac{1}{12}\sqrt{3}\, h\, r^2 = \frac{1}{48}\sqrt{30}\, r^3 \qquad \Rightarrow \qquad h = \frac{1}{4}\sqrt{10}\, r = \sqrt{\frac{5}{8}}\, r$$

Dies ist die Höhe des gleichseitigen Pentachorons und damit der Abstand der beiden Molekül-Hyperebenen, so dass für jedes Molekül in der Luft vierdimensional durchschnittlich ein Volumen von

$$V_4 = V_3\, h = \frac{1}{2}\sqrt{2}\, r^3\, \frac{1}{4}\sqrt{10}\, r = \frac{1}{4}\sqrt{5}\, r^4$$

zur Verfügung steht. Damit ergibt sich für die durchschnittliche vierdimensionale Dichte von Luft,

$$\rho_4 = \frac{m_{Luft}}{V_4} = \frac{4{,}78 \cdot 10^{-26} kg}{0{,}25\sqrt{5}\,(3{,}75 \cdot 10^{-9}\ m)^4} = 4{,}32 \cdot 10^8\ \frac{kg}{m^4}$$

Diese enorm hohe vierdimensionale Luftdichte ist notwendig, damit die Lungen von Sarah bei dreidimensionalem Einatmen in jeder möglichen dreidimensionalen Richtung die normale dreidimensionale Luftdichte spüren. Egal, in welche Richtung sich Sarah wendet, es müssen in dieser Richtung (mathematisch: in dieser dreidimensionalen Hyperebene, in diesem dreidimensionalen Unterraum) ja unsere irdisch-dreidimensionalen Bedingungen herrschen.

Und damit können wir die tatsächliche Masse der Luft, die im Labyrinth von David Bowie enthalten sein muss, ausrechnen. Es ist bei einer geschätzten Länge in x-Richtung, Breite in y-Richtung, Höhe in z-Richtung und der vierten Senkrechtlänge in w-Richtung von 20 m dann insgesamt die außerordentlich hohe Masse von

$$M_{Luft4} = \rho_4\, V_{Lab4} = 4{,}32 \cdot 10^8\ \frac{kg}{m^4} \cdot 160000\ m^4 = 6{,}91 \cdot 10^{13}\ kg$$

$$= 6{,}91 \cdot 10^{10}\ t = 69{,}1 \text{ Milliarden Tonnen Luft}$$

Das ist extrem viel! Und das ist extrem schwer! Und es ist unheimlich viel mehr als die 204,8 t Luft, an die wir auf der vorigen Seite intuitiv, spontan und fälschlicherweise gedacht hatten.

69,1 Milliarden Tonnen Luft passen in einen Hyperwürfel der Kantenlänge von 20 m hinein. Das ist genauso viel, wie auf der dreidimensionalen Erde in einen normalen dreidimensionalen Würfel mit einer Kantenlänge von

$$R_3 = \sqrt[3]{\frac{6{,}91 \cdot 10^{13}\ kg}{1{,}28\ kg/m^3}} = 3{,}78 \cdot 10^4\ m = 37{,}8\ km$$

hineinpassen würde. Wenn also irgendwann einmal in ferner Zukunft Außerirdische ein vierdimensionales Wurmloch zur Erde bauen und dies dann irgendwo in der Atmosphäre auf der Erde öffnen, werden sie dabei entweder jede Menge Luft aus unsere Atmosphäre absaugen (falls im Wurmloch eine geringere Luftdichte herrscht) oder jede Menge Wurmlochgase in unsere Atmosphäre hineinpusten (falls im Wurmloch zufällig eine höhere Dichte herrschen sollte). Sie sollten also größten Wert auf eine ordentliche Wurmloch-Luftschleuse legen und nicht nur einfach mit irrer Geschwindigkeit ungebremst durchs Wurmloch zur Erde rasen…

Noch extremer und noch interessanter wird es, wenn das Labyrinth von David Bowie ein fünfdimensionales Labyrinth mit einem fünfdimensionalen Volumen von

$$V_{Lab5} = (20\ m)^5 = 3200000\ m^5 = 3{,}2 \cdot 10^6\ m^5$$

sein sollte. Das ist Ihre Hausaufgabe: Rechnen Sie aus, welche Masse an Luft in diesem fünfdimensionalen hyper-hyper-würfelförmigen Labyrinth der Kantenlänge von 20 m enthalten ist.

Dazu müssen Sie als erstes überlegen, wie weit die vierdimensionalen Volumina (die nun die Hyperebenen darstellen) voneinander entfernt sind, indem Sie die Höhe eines gleichseitigen Hyper-Pentachorons, also eines gleichseitigen Hexa-Hyperchorons ausrechnen. Ein Hexa-Hyperchoron hat ja ein fünfdimensionales Hyper-Hypervolumen, das durch fünf vierdimensionale pentachoronförmige Hypervolumina eingeschlossen wird.

Diese Aufgabe ist nicht einfach. Aber wenn Sie dieses Buch gelesen haben, werden Sie es schaffen.

Und als Hilfestellung hier schon ein paar Zwischenergebnisse (und ganz unten das Endergebnis), zusammen mit einer Aufstellung in Tabelle 4 über die einzelnen Körperhöhen, die eine interessante Regelmäßigkeit zeigt.

Figur / Körper	Höhe	wird begrenzt durch
Strecke	$h_1 = \frac{1}{1}\sqrt{1}\ r$	zwei Punkte
Dreieck	$h_2 = \frac{1}{2}\sqrt{3}\ r$	drei gleichlange Strecken
Tetraeder	$h_3 = \frac{1}{3}\sqrt{6}\ r$	vier gleichgroße Dreiecke
Pentachoron	$h_4 = \frac{1}{4}\sqrt{10}\ r$	fünf gleichgroße Tetraeder
Hexa-Hyperchoron	$h_5 = \frac{1}{5}\sqrt{15}\ r$	sechs gleichgroße Pentachora

Tab. 4: Höhen gleichseitiger Figuren bzw. Körper.

Durchschnittliches fünfdimensionales Volumen, das für ein Molekül zur Verfügung steht:

$$V_5 = V_4\, h_5 = \frac{1}{4}\sqrt{5}\, r^4\ \frac{1}{5}\sqrt{15}\, r = \frac{1}{4}\sqrt{3}\, r^5$$

Durchschnittliche fünfdimensionale Dichte von Luft:

$$\rho_5 = \frac{m_{Luft}}{V_5} = \frac{4{,}78 \cdot 10^{-26}\text{kg}}{0{,}25\sqrt{3}\,(3{,}75 \cdot 10^{-9}\ \text{m})^5} = 1{,}49 \cdot 10^{17}\ \frac{\text{kg}}{\text{m}^5}$$

Über das Endergebnis sollten Sie länger nachdenken, denn es ist nahezu unvorstellbar hoch. Als Labyrinth haben wir einen 20 m breiten fünfdimensionalen Hyper-Hyperwürfel. Und in diesem 20 m breiten Körper passt eine Luftmasse von

$$M_{Luft5} = \rho_5 \, V_{Lab5} = 1{,}49 \cdot 10^{17} \, \frac{kg}{m^5} \cdot 3{,}2 \cdot 10^6 \, m^5 = 4{,}77 \cdot 10^{23} \, kg$$
$$= 4{,}77 \cdot 10^{20} \, t = 477 \text{ Trillionen Tonnen Luft}$$

hinein. Das ist mehr Luft, als die Atmosphäre der Erde besitzt.

Zum Vergleich: Die gleiche Masse Luft unter Normalbedingungen dreidimensional verteilt würde einen dreidimensionalen Würfel mit einer Kantenlänge von

$$R_3 = \sqrt[3]{\frac{4{,}77 \cdot 10^{23} \, kg}{1{,}28 \, kg/m^3}} = 7{,}20 \cdot 10^7 \, m = 72000 \, km$$

füllen. Das ist schon fast das Doppelte des Erdumfangs von

$$U_{Erde} = 2 \, \pi \, r_{Erde} = 2 \cdot 3{,}14 \cdot 6370 \, km = 40000 \, km$$

Hoffen wir also, dass die Außerirdischen nicht auf die Idee kommen, ein fünfdimensionales Wurmloch zur Erde zu bauen! Schon kleinste Dichteunterschiede wären für die Atmosphäre der Erde tödlich.

Literaturhinweise

[1] Hans-Joachim Petsche: Graßmann. Vita Mathematica Band 13. Birkhäuser Verlag / Springer Science + Business Media, Basel, Boston, Berlin 2006.

[2] Hermann Grassmann: Die Wissenschaft der extensiven Grösse oder die Ausdehnungslehre, eine neue mathematische Disciplin. Erster Theil, die lineale Ausdehnungslehre enthaltend. Verlag von Otto Wigand, Leipzig 1844.

[3] Hermann Grassmann: Die Ausdehnungslehre. Vollständig und in strenger Form bearbeitet. Verlag von Th. Chr. Fr. Enslin, Berlin 1862.

[4] David Hestenes: New Foundations for Classical Mechanics. Zweite Auflage, Kluwer Academic Publishers, New York, Boston, Dordrecht 2002.

[5] Chris Doran, Anthony Lasenby: Geometric Algebra for Physicists. Cambridge University Press, Cambridge 2003.

[6] John Vince: Geometric Algebra for Computer Graphics. Springer-Verlag, London 2008.

[7] John Snygg: Clifford Algebra. A Computational Tool for Physicists. Oxford University Press, New York, Oxford 1997.

[8] David Hestenes: Space-Time Algebra. Zweite Auflage, Springer International Publishing, Cham, Switzerland 2015.

[9] Ernst-Peter Fischer: An den Grenzen des Denkens. Wolfgang Pauli – Ein Nobelpreisträger über die Nachtseiten der Wissenschaft. Herder spektrum Band 4842, Herder-Verlag, Freiburg, Basel, Wien 2000.

[10] Graham Farmelo: Der seltsamste Mensch. Das verborgene Leben des Quantengenies Paul Dirac. Springer-Verlag, Berlin, Heidelberg 2016.

[11] Monty Chisholm: Such Silver Currents. The Story of William and Lucy Clifford 1845-1929. The Lutterworth Press, Cambridge 2002.

[12] Hans-Joachim Petsche: It began with Pestalozzi and Schleiermacher. Reflections on the Polymath Hermann Graßmann (1809–1877). In: Newsletter of the European Mathematical Society, No. 76 (Juni 2010), S. 39 – 46.

[13] Garret Sobczyk: David Hestenes – The Early Years. In: Foundations of Physics, Vol. 23, No. 10 (1993), S. 1290 – 1293.

[14] David Hestenes: Oersted Medal Lecture 2002: Reforming the Mathematical Language of Physics. In: American Journal of Physics, Vol. 71, No. 2 (2003), S. 104 – 121.

[15] David Hestenes: Spacetime Physics with Geometric Algebra. In: American Journal of Physics, Vol. 71, No. 7 (2003), S. 691 – 714.

[16] Stephen Gull, Anthony Lasenby, Chris Doran: Imaginary Numbers Are Not Real – The Geometric Algebra of Spacetime. In: Foundations of Physics, Vol. 23, No. 9 (1993), S. 1175 – 1201.

[17] Gian-Carlo Rota: Indiscrete Thoughts. Reprint of the 1997 edition, Birkhäuser Verlag, Boston, Basel, Berlin 2008.

[18] Wolfgang Pauli: Relativitätstheorie. Neu herausgegeben und kommentiert von Domenico Giulini. Springer-Verlag, Berlin, Heidelberg 2000.

[19] Charles H. Kahn: Pythagoras and the Pythagoreans. A Brief History. Hackett Publishing, Indianapolis, Cambridge 2001.

[20] Paul Strathern: The Big Idea: Pythagoras and his Theorem. Arrow Books, London 1997.

[21] Martin Erik Horn: Cheating with Complex Numbers. Der Selbstbetrug mit den komplexen Zahlen. Preprint, viXra:1911.0023, Url: www.vixra.org/abs/1911.0023 [01.11.2019].

[22] Martin Erik Horn: If You Split Something into Two Parts, You Will Get Three Pieces: The Bilateral Binomial Theorem and its Consequences. In: Symmetries in Science XVIII, Journal of Physics: Conference Series 1612 (2020) 012013. IOP Publishing, Bristol,
Url: https://iopscience.iop.org/article/10.1088/1742-6596/1612/1/012013
https://iopscience.iop.org/article/10.1088/1742-6596/1612/1/012013/pdf

[23] Dietmar Hildenbrand: Foundations of Geometric Algebra Computing. Corrected printing, Springer-Verlag, Berlin, Heidelberg 2013.

[24] Dietmar Hildenbrand: Introduction to Geometric Algebra Computing. CRC Press / Taylor & Francis Group, Boca Raton, London, New York 2019.

[25] GAALOP-Entwicklerteam – Dietmar Hildenbrand, Christian Steinmetz, Adrian Kiesthardt, Patrick Uftring, Patrick Charrier, Joachim Pitt, Christian Schwinn: Homepage des Programm-Tools Geometric Algebra Algorithms Optimizer – GAALOP Website. Url: www.gaalop.de [03.02.2022].

[26] Martin Erik Horn: Die Geometrische Algebra mit GAALOP im Schnelldurchgang. In: PhyDid B, Didaktik der Physik, Beiträge zur DPG-Frühjahrstagung in Würzburg 2018, Beitrag 02.03. Url: www.phydid.de [20.12.2018].

[27] Terry Jones / Jim Henson / George Lucas: Die Reise ins Labyrinth. Fantasy-Abenteuerfilm mit Musical-Einlagen, USA/Großbritannien 1986. Filmausschnitt unter Url: www.youtube.com/watch?v=k8qs16mAU0s [24.03.2013].

[28] Res Jost: Das Marchen vom Elfenbeinernen Turm. Reden und Aufsätze. Herausgegeben von Klaus Hepp, Walter Hunziker und Walter Kohn, Springer-Verlag, Berlin, Heidelberg, New York 1995.

Auch zu empfehlen:

Martin Erik Horn: Grass, Mann! Das Clifford-Kinder-Rechenbuch.
Veröffentlicht in: Volkhard Nordmeier, Arne Oberländer (Hrsg.): Didaktik der Physik, Beiträge zur Frühjahrstagung in Düsseldorf, Tagungs-CD des Fachverbands Didaktik der Physik der Deutschen Physikalischen Gesellschaft, Beitrag 8.5, LOB – Lehmanns Media, Berlin 2004, ISBN 3-86541-066-9.

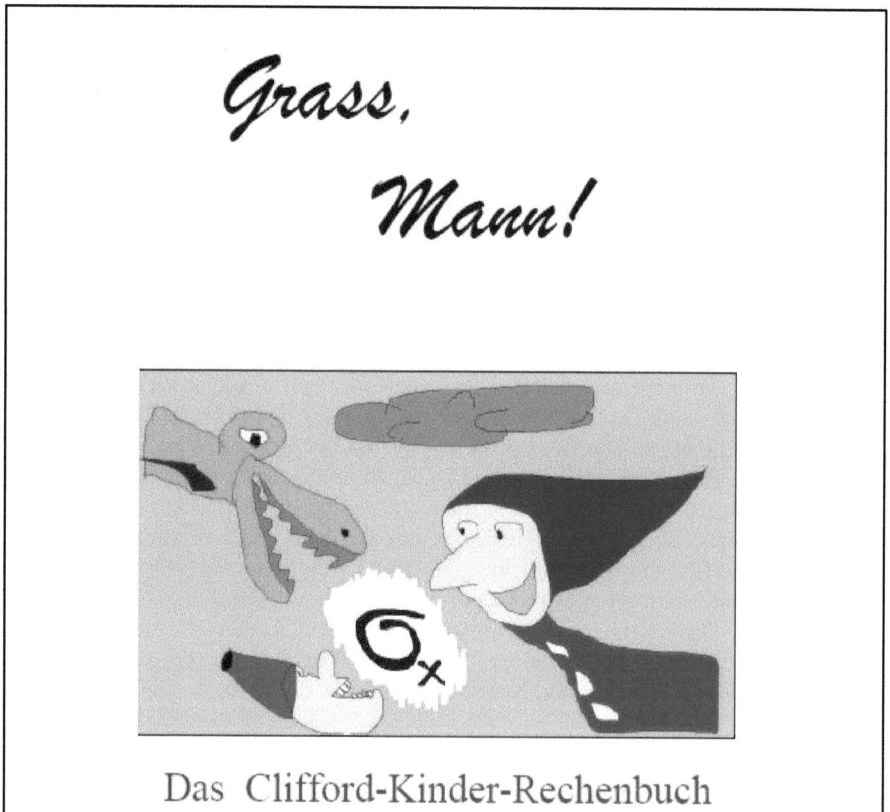